高效能人士的
思维导图

席音 —————— 著

中国水利水电出版社
www.waterpub.com.cn
·北京·

内 容 提 要

本书介绍了思维导图的类型、绘制方法、运用领域和使用方式，帮助人们在天赋开发、思维开拓、制订规划、梳理工作、时间管理等方面能够高质量、高效率、高水平地完成。在人人都注重效率的时代，本书用通俗易懂的语言让读者充分了解思维导图，像高效能人士那样实现人生的突破与进阶。

图书在版编目（CIP）数据

高效能人士的思维导图 / 席音著. -- 北京 ：中国水利水电出版社，2021.9
ISBN 978-7-5170-9948-2

Ⅰ．①高… Ⅱ．①席… Ⅲ．①思维方法 Ⅳ．①B804

中国版本图书馆CIP数据核字(2021)第187406号

书　　名	高效能人士的思维导图 GAOXIAONENG RENSHI DE SIWEI DAOTU	
作　　者	席音 著	
出版发行	中国水利水电出版社 （北京市海淀区玉渊潭南路1号D座　100038） 网址：www.waterpub.com.cn E-mail：sales@waterpub.com.cn 电话：（010）68367658（营销中心）	
经　　售	北京科水图书销售中心（零售） 电话：（010）88383994、63202643、68545874 全国各地新华书店和相关出版物销售网点	
排　　版	北京水利万物传媒有限公司	
印　　刷	天津旭非印刷有限公司	
规　　格	146mm×210mm　32开本　8.5印张　183千字	
版　　次	2021年9月第1版　2021年9月第1次印刷	
定　　价	49.80元	

序

用思维导图提升你的工作效率

对大多数人来说，了解思维导图并不等于一定会用，会用思维导图，也不代表就能将它提高做事效率的那一方面的作用发挥出来。

在最初接触思维导图的时候，我和大多数人一样，仅仅从技巧上对这个工具一知半解，学会了怎样照猫画虎地去画一张思维导图，但真正到了需要使用它的场景时，就很难培养起应用的习惯。

我尝试着去理解到底是哪里出了问题，最后发现，还是思维认知上的因素——过度在意导图本身的技巧，却忘记了它本来只是一个工具。学会怎么用只是基础，知道在什么场合下使用才能真正融会贯通。

当你仅仅看思维导图时，也许会生出许多难以理解的疑惑——

"看起来实在太复杂了，像是树冠上的枝丫，这些零碎的词好像彼此也没有什么联系。"

"别开玩笑了，我又不会画画，上面那些配图我可画不出来。"

"除了能够梳理复杂的信息关系之外，好像也没什么其他用处。"

如果我们仅仅从表象去分析思维导图，停留在浅层认识上，就会在无形中加剧我们对尝试使用导图工具的抗拒心态。一旦你认为自己没有时间或没有艺术天赋，就很有可能与一个工作中的高效能工具擦肩而过。

只有真正去使用，且知道该怎么使用，将思维导图的技巧与效率法则结合在一起，真正应用在工作和生活当中的各个场景里，我们才会发现曾经的疑惑迎刃而解，才能更深层地意识到思维导图的作用。

跟大多数强调学习思维导图绘制方法的书籍不同，本书更强调思维导图的使用价值，也创造性地将思维导图和大量的效率理念结合在一起。笔者的目的在于，能让思维导图真正成为可用、好用的工具，让大家在需要的时候就可以上手，真正发挥帮助我们提升效率的作用。

在这本书中，笔者所介绍的皆是自己在工作和生活当中的经验总结，全部来源于思维导图的使用过程。从笔者个人的角度讲，在实践中应用这些理念，对提升自己的工作效率很有帮助，因为正是这些技巧的帮助使笔者实现了在主职繁重的科研工作之外，兼顾写作、公众号运营，以及对多方面爱好进行平衡，实现了个人价值的最大化提升。

只有思维导图有了被我们所利用的价值，它才是最好的工具。即便是再简单的技巧和工具，只要能够被我们使用，就是最强大的效率工具。

抛却那些深奥的概念外衣，穿透那些晦涩的理念描述，让我们把复杂的工具简单化，将简单的思维导图实用化，真正提升自己的工作效率吧！

目录

Part 1

为什么人人都爱思维导图

用思维导图整理时间，超效率生活

将高效法则与思维导图管理结合

Part 4

思维碰撞的新模式

Part 5

结合思维导图，解决针对性问题

Part 6

工作中的
思维导图应用

Part 7

加强思维管理，
提高生活质量

为什么人人都爱
思维导图

在高效工作法中，思维导图是一个引人关注的概念。想接触思维导图的人很多，但真正把这个概念发挥好的人少之又少。

不做看热闹的外行，做让它发挥实际作用的内行，你需要了解思维导图。

什么才是真正有效的思维导图？思维导图到底能给我们的工作带来什么好处？一张简单有效的思维导图应该怎么做？在这一章中，我将为您一一讲述。

认识思维导图

2005年，由阿部宽领衔主演的电视剧《龙樱》在日本上映，它向人们展示了人生的诸多可能。

一位飞车党出身的底层律师，阴差阳错地跟一所即将破产的私立高中产生了联系。律师临时上阵，化身为高三的老师，带起了这所学校里不爱学习的六名学生。而他给这些孩子定下的目标是考上东京大学。

这真是一个天方夜谭般的想法，哪个垫底高中的"吊车尾"敢大言不惭地向身边人担保自己能考上名牌大学呢？

但这部剧的珍贵之处恰恰在于，尽管它讲述了观众一开始认为几乎不可能实现的故事，却仍然在合乎逻辑的框架下让人们真诚地相信学生们的无限可能。

不要太早说自己不行，也许你只是还没认识到自己的能力。

在《龙樱》当中，关于学习有一个核心的概念，就是"学不好并不等于笨，也许只是方法不对"。阿部宽所饰演的老师给学生们

带来了很多巧妙的学习方法，其中一个就是"树状图"，其大大增强了学生的记忆力。而"树状图"其实是思维导图的分支。

在学生时代，很多人都接触过树状图，也认为其在整理和背诵复杂的知识体系当中起到了极大的作用，却并不知道其原理是什么。

对于学习工具，如果"知其然，不知其所以然"，就会阻碍我们更深入地利用和发挥它的作用。所以在一开始，我们需要了解树状图，或者说它所属的思维导图到底是什么，以及思维导图为什么会给我们带来效率上的提升。

思维导图又名"心智导图"，是当我们需要有效发散思维的时候，可以使用的高效的辅助工具。思维导图最大的特色是图文并茂，这便于我们加深对文字的记忆，真正实现图片式记忆法。

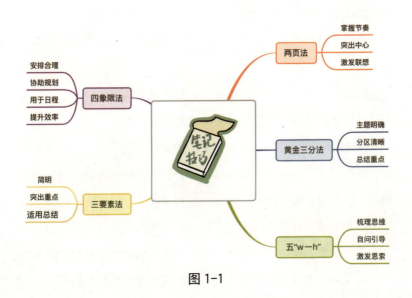

图 1-1

一张思维导图可以囊括大量的信息，远胜于一般笔记，尤其是在表现知识体系复杂的内容时，它可以清晰地呈现某一主题下不同分支之间的相互关系，不管是彼此并列还是相互隶属。而这些原本理解或记忆起来十分复杂的知识被呈现在一张图上时，可以让我们建立起更强大的记忆连接，开启更有深度的思考。

当你仔细观察时会发现，思维导图的脉络非常像大脑的神经细胞网格，事实上，它所呈现的信息也跟大脑习惯的模式一样，都是放射性的——一个主题词就是一个中心，从它开始，可以不断联想、延伸诸多内容，最终串联起整个联想之网。

由此可见，最本质的思维导图，就是把我们脑海中想象的内容以符合大脑原始思维的方式记录下来。

每一个主题都可以成为中心，每一个中心都可以发散成无数个节点，再层层递进，不断连接，最终形成一个巨大的思维网络。

因为与大脑思考方式的高度吻合，所以导图天然具备工具化优势。用好它，我们就多了第二个"储备大脑"，把原本需要自己费力气存放在脑海中的信息转移到思维导图里，不管是思考、理解，还是记忆的过程，都会变得更加轻快、简单。

就像我们的电脑上多了一个移动硬盘，可以帮助分担存储的压力一样，思维导图就是这样一个"大脑硬盘"。而不同类型的思维导图的原理都是一样的，仅仅是呈现方式有所不同，但它们的本质都是在诠释"如何用更符合大脑思维习惯的方式去理解这个世界"。

当你意识到这一点，锚定思维导图的本质，就不会再因为不同类型、不同表现形式的导图而感到困惑。不管它们以怎样的方式呈现，判断这个思维导图好不好用的办法只有一个，那就是亲自去感受。

如果你的大脑觉得这种模式的思维导图呈现信息的方式并不是你想要的，就说明它不符合你的思维习惯。在我使用思维导图的这些年里，通过观察发现，并不是每个人都适用同一套理论，甚至大家对不同的导图工具评价也褒贬不一，这正是因为每个人都有自己的审美喜好和思维习惯，当具体到某个人时，我们很难界定哪一种风格的思维导图是适合他的。但只要我们的思维导图逻辑体系是清晰的，任何表现风格都值得使用，适合的才是最好的。

每个人都可以绘制属于自己风格的思维导图，当我们练习到某种程度时，必然会摸索到适合自己的风格。有的人就爱手绘导图的那种精致感，有的人习惯使用成熟的思维导图程序，有的人专注于用色彩来刺激大脑记忆，有的人则喜欢用形象的图像来加深记忆……这些都需要经过不断尝试才能摸索出来。

当然，前提条件是，我们一定要保证符合思维导图的核心要求，同时符合大脑的普遍认知习惯。不要把混乱当风格，真正意识到什么是有帮助的，才是使用思维导图的正确办法。

同时，不断地执行、实践自己的思维导图技巧。任何导图的技巧都不应该只是停留在学习阶段，一定要实施、执行。

你的生活中有很多可以拿来练习的内容，大到一年的工作安排，小到未来一周的饮食规划，全都可以通过思维导图来联想、取舍，找出目标并分析。

只有行动才能解决问题。当你明白思维导图的本质之后，就多去尝试不同类型、不同表现方式、不同风格的导图，终究会找到适合你的那一款。

用思维导图来捋顺你的思路

使用导图来捋顺我们的思考逻辑框架之前，一定得掌握最基础的、符合大多数人认知规律的导图技巧。否则，只是照猫画虎般使用思维导图，可能会在某些细节上触及一些常识性的问题，导致自己的导图工具利用率下降。

虽然我们一直强调实践而淡化技巧，但技巧是实践的基础，个人风格也要在丰富的技巧认识基础上才能发挥作用。对于一个完全不懂思维导图绘制技巧的人来说，导图可能等同于繁杂的儿童画，画导图只会浪费他们的时间，并不能起到很好的梳理思路的作用。不正确的呈现方法，非但不能帮助我们去理解和记忆知识，反而可能给我们在原本的认知基础上造成无形的困扰。而掌握最基本的导图绘制技巧也很简单，当我们知道思维导图传达信息的特点、优势在哪里，就会知道应该注意哪些细节。

我们为什么要用思维导图？先来想一想它的优势到底在哪儿。最好的办法是回忆一下，你都在哪些场合见到别人使用思维导图。

首先，在一些需要快速记忆的知识体系面前，思维导图的作用非常明显。通过思维导图的脉络呈现一定逻辑的系统性知识，可以让我们快速理解其每一个分支之间的逻辑关系；简洁的语言和详细的分支，可以让我们将目光更多地放在各个信息之间的联系上。同时，导图化繁为简，通过用一张图片来展现的方式，尽可能地将更多信息存入脑海，使我们在回想起任何一个分支时，由点及面地回忆起整个体系。

其次，导图经常出现在一些创造性的工作场合，帮助我们进行头脑风暴。在这种情况下，绘制导图更加自由，主要就是将我们联想的诸多元素写下来，或是自行思考，或与同伴交流，不断碰撞、汇集成一个创新性的点子，将元素真正整合成可行的计划。当我们罗列了所有信息时，可以很好地整理所有的新想法，也更容易找出在思维框架中不容易想到的、比较边缘化的信息，达到整体性思考的目的。

最后，思维导图也经常出现在会议、演讲或其他场合里，它们都具有一个共同的特性，就是需要在短时间内展现大量信息，并让观众尽可能多地记忆和理解。在这种情况下，图文并茂的思维导图可以更快地传达信息给大脑。

当我们总结了前面这些需求时，就自然而然地得出了思维导图的优势，总结起来可以分为三个重要的点：

①具备清晰的结构。

②文字洗练，逻辑清晰。

③色彩和图片给大脑足够的刺激。

只有区别于以往的文字记录，才能真正发挥这一高效工具的作用，所以我们一定要找到思维导图的文字、图片表象下真正的优势。

结构关系是思维导图最重要的一步，任何表现形式都是为逻辑关系而服务的，所以导图想要做到表面繁杂但不混乱，支撑它的骨架就是清晰的结构关系。只要分支之间的逻辑清晰，就算不了解的人乍一眼看去，觉得导图比较乱，他们也能很快抓住重点并记忆它。

结构越清晰，图像就越容易为我们的大脑所接受，更好地进行记忆并梳理出文字的脉络，达到快速理解的目的。而洗练的文字可以帮助我们把注意力放在记忆节点上。通过一个关键词，我们就能想到这一节点囊括的信息，就没必要花费更多笔墨去赘述。当你不厌其烦地就某一个节点进行展开阐释时，就会吸引过多的关注度在这一分支，这无疑会分散我们关注整体的精力，让我们无法记住更多节点的信息和整体的关系。

因此，只要能呈现在导图上的信息，都要反复提炼，留下关键词，这也是绘制思维导图时最核心的重点之一。

色彩和图片或许可以删减，但绝对不能全部丢弃，因为丰富的颜色可以刺激我们的大脑。通过不同的颜色区别分支，可以让我们在文字记忆之外多了一层图片记忆保障，在回忆导图时，就绝不会将不同方面的信息记混淆，因为它们在大脑里天然烙印着不同的色彩标志。

选择色彩强调记忆后，图片则是加强某个节点记忆的一种方式。在实际使用的过程中，很多导图都简化了图片，所以在精力不足时，绘制导图也可以进行取舍、简化图片。

图 1-2

还有一些绘制思维导图的细节技巧，也是导图相对普适化的基本技巧，我将把重点介绍给大家。

1. 一定要注意强调主题信息

思维导图的主题信息越简单越好，重要的内容宁缺毋滥，越是精炼的总结越能让我们快速理解和记忆，并体会到这一信息的重要性。主题在勾画的时候可以显眼一些，因此我们的思维导图一般不会省略主题的图像，并且尽可能多地使用鲜艳的色彩来强调。如果仍有余力的话，可以在主题图上体现更多的导图内容特点，图片记忆也可以不断提醒我们该思维导图的重点信息。

2. 列出主要的几个一级信息，专注每个一级信息处理

这里我们要强调的是专注，多线程处理对于大脑来说是一种极大的挑战，人的专注力决定我们无法将精力同时放在许多事情上。当你手中正处理某一项工作时，还能否很好地兼顾另一件事呢？一个人特别专注时，是连吃什么、说什么都无法注意的。

因此从这个角度讲，我不建议大家按照一级、二级、三级……这样的层级分支来绘制思维导图。围绕主题词，先联想出一级分支，接下来我们就要完全专注于一级中的某一个分支，将其作为新的"主题"进行思考，直到将这一个分支的所有内容全部阐述清楚，再去进行下一个分支的处理工作。

只有专注，避免多线程处理，才能扩大我们导图的思维深度，确保不遗漏任何信息。

3. 注意导图的绘制规范

思维导图的基本技巧当中，大部分都是对于绘制的一些要求。绘制导图时，所有的文字都要尽量按照你所习惯的阅读方式呈现，这是为了帮助我们消除阅读理解过程中任何可能会产生的额外负担。

大多数人都习惯看横排书写、从左及右的文字，所以思维导图的文字信息尽量横排书写，以便让我们阅读时更加顺畅。同时，分支的大小也应该由粗到细，符合我们潜意识里对"从总到分"的知识结构认知。

像这类的技巧还有很多，大家可以自行补充理解，只要遵循一个原则——一切以方便理解接受为基础即可。

几种常用的导图模型

思维导图是否只有一种模式呢?

这要看我们如何定义思维导图。从广义上讲,任何可以帮助我们由一个点出发,以某种逻辑方式实现发散式联想思考的记录形式,只要符合思维导图的绘制要求,都可以算作思维导图。

就如我们的思维不会被局限一样,导图的模式呈现也是多样化的。不同方式呈现出来的导图,可以给大脑不同的刺激,这也符合我们在各个领域里面对各种场景需求不一样的思维习惯。

人的大脑非常复杂,尽管我们只是改变了思维导图的形状和类型,让分支的排布方式与过去有所区别,但大脑都会回馈不同记忆感受,其处理信息的流程也因此而改变。

当我们在不同的场合灵活运用各种类型的导图时,可以最大限度提升大脑思考的效率,选中它最容易接受和消化的模式,就可以实现真正的高效能思维。

接下来介绍几种常见的思维导图类型,包括这些导图的表现方法都适合怎样的需求场景。在应用时，大家可以灵活实践，不断尝试适合自己的思维导图画法。

1. 圆圈图

圆圈图的主要作用是定义，通过将中心主题延展开来，以大量的词汇描述这个主题的特征和细节，来让我们加深对事物的客观和全面认识。

就像下面这张圆圈图：

圆圈图由两个同心圆环组成，中间圆环描述的是主题，而外层的大圆环里则填入关于主题词的联想，这些联想的词汇可以是描述性语言，来诠释主题的特征，也可以是一些定义、主题词的应用，只要是你能第一时间想象到的，都可以填入其中。

图 1-3

通过这种方式来发散思维、全面联想、立体感知，能让我们将原本模糊的认识塑造得更加清晰。当你觉得对一件事物或人的认识不够清楚时，当你对某个目标感到迷茫时，就可以通过圆圈图对它进行一次深入的剖析，从思维上建立客观认识。

2. 气泡图

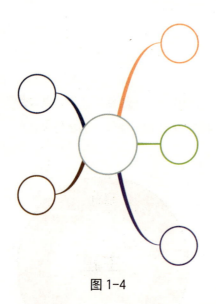

图 1-4

如果说圆圈图的重点是通过联想的词汇来加深对主题的认识,那气泡图就是相反的,通过主题延伸出的小气泡,让我们对每一个特征进行深入理解。

也就是说,气泡图的重点应该在那些特征上。

在儿童教育中,气泡图的使用是比较广泛的,它可以帮助孩子认识未知事物的特征。同样,这种方式也可以嫁接到我们接触陌生事物时,人的大脑特点总是共通的。

3. 双气泡图

双气泡图的存在可以帮助我们分析和比较两个事物的共同点与不同点。

两个主要大气泡是我们要对比的对象,连接两个气泡的小分支是它们的共同特征,分在两边只连接某一项的分支就是其差异。

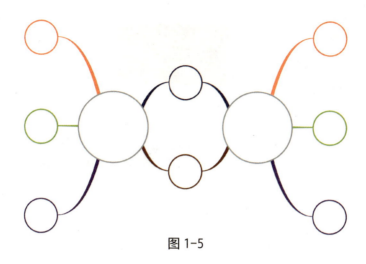

图 1-5

这种方式适用于我们在感到迷茫、想要进行一次联想总结的头脑风暴时，你可以把所想到的特征都以气泡图的方式写下来，不必纠结太多形式、架构上的问题，完全自由地展开一个联想的世界，会展现出比预料中更多的信息。

4. 树状图

同一个主题如果包含大量复杂的内容，而内容彼此之间的关系如同树杈一样，有多级分支，最终形成封闭的完整体系，就可以用树状思维导图来梳理。

树状图的主要功能就是分类或归纳，平时我们所绘制的思维导图大多数都是树状图。

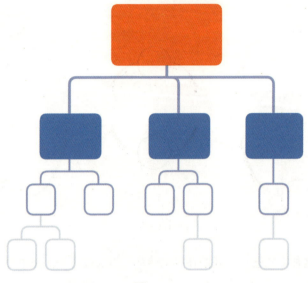

图 1-6

　　主题延伸出的第一层级往往都是对主题的细分，再往下进行层层拆解，从一个大的概念逐渐分成非常细致的类别。

　　通过这种方式可以拆解归纳一些知识体系的重点，方便我们理解和记忆，也能去分析安排自己当下的主要工作，用处非常广泛。

5. 流程图

　　流程图和树状图不同，树状图是一个从整体到细节的拆解过程，下一层级的分支包含在上一层级的概念中；而流程图每一个节点都是独立的，往往按照时间顺序进行排布。

清晰的流程图能向我们展示顺序逻辑，让人快速理解事物本身内在的发展逻辑和彼此的先后关系，常常用在解释某个复杂的工作流程上。

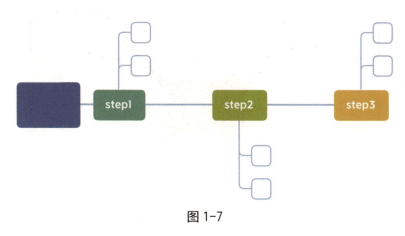

图 1-7

结合流程图来做个人或团队的时间规划，能够直观地展示工作安排，帮助把握工作节奏。

6. 因果关系图

因果关系图也被称作多重流程图，围绕着一个中心事件，来分析诱因、结果和影响。

如果说流程图是一对一的先后关系，那么多重流程图就意味着在我们分析过程中，要处理大量的多对一、一对多关系。这种概念多用于因果逻辑里，尤其是在总结自己的工作时，我们会去整理到

底是什么导致了这样的结果，这样的结果又带来什么影响，从而对前一阶段的工作进行回顾，并从中吸取经验。

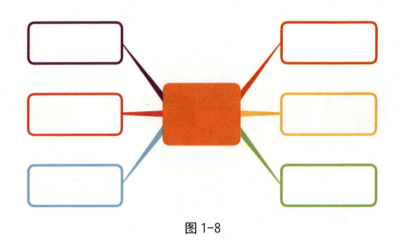

图 1-8

7. 时间轴导图

时间轴导图，就是按照时间信息去排列整理一个主题的内容，也是为了让我们的事务安排、内容学习与逻辑构造更清晰。日常工作安排可以用时间轴来体现，不仅逻辑严明，还不会让我们漏下任何内容；内容分析可以借助时间线来呈现，能更好地发现其中的先后顺序、因果关系，最终找到杂乱信息无法给予我们的"亮点"。

图 1-9

8. 括号图

括号图囊括的是整体和局部的关系。相比树状图，其分类功能得到了更多强调，如果你所处理的工作没有那么明确的细分类别，可以通过整体与局部概念的括号图来总结。

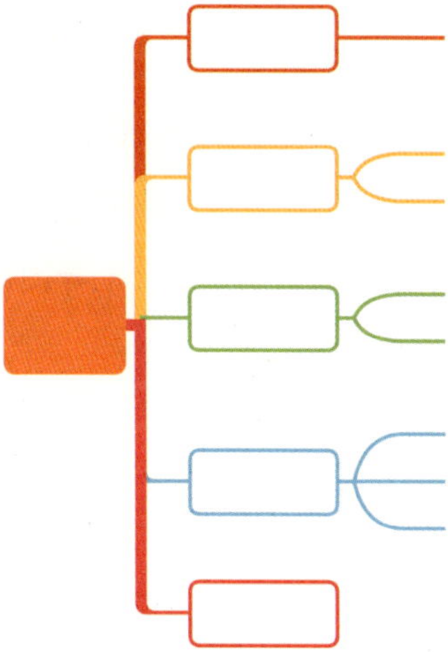

9. 桥形图

图 1-10

桥形图的存在主要用于类比某一领域相关程度极高的事物。

在桥形图的上方，写下需要类比的、有同样特点的一类事物，下方则整理它们的同类特点，排布在一起，让我们快速得到类推的

结果，找出共同之处。

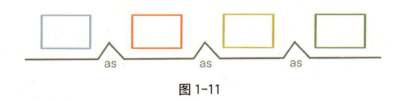

图 1-11

思维导图是一种技能工具，使用该工具不应该拘泥于其表现形式，而要尽可能地发掘工具最好用的一面，这样才能真正帮助我们在实践过程中提升效率。

在使用过程中，流程图和树状图是频率最高的，其中许多概念之间的关系非常密切，我们只要将方法融会贯通，以自己能理解的方式呈现在面前，就是最好的思维导图。

去实践自己喜爱的导图模式，相信大家都能找到最适合自己的记录方法。

建立分析习惯：思维导图的黄金思维圈

仅仅有了技巧和模型还不够，如果没有高效的思维方式，就算我们手持思维导图这样的利器，也很难将它用到正确的地方。

以我个人的经验来说，将思维工具融合绘制到导图当中，以导图来呈现，才是最好的结合方式。我们不仅要用好导图，还要以一种科学的方式去思考和分析事物，如此，呈现在导图上的内容才是精炼且有效的。

当我们需要用思维导图去分析手头的工作，由浅入深地剖析某些事物的本质时，就一定要建立良好的分析习惯。思维理念是导图的骨架，如果一个人的思维方式非常浅薄，只能停留在分析表层的水平，就算使用思维导图以非常清晰的方式呈现出来，其展现和谈论的问题本身还是缺乏深度，这就浪费了思维导图的效能。

如何建立合适的分析习惯呢？

复盘已经发生的事情，或工作当中需要由浅入深去思考推论

时，可以将"黄金思维圈"的法则运用在导图中，以圆圈图来举例分析，辅助我们思考。

黄金思维圈的概念最早出自一位国际知名广告人西蒙·斯涅克，他将自己在工作当中的认识进行了总结，以"黄金思维圈"的理念，解释了思维方式对领导力、工作能力的影响。

在黄金思维圈概念里，人对事物的认知分为三个圈层：最中心的圈层是"Why"，即认知到一件事的目的和理念，了解最为核心的信息。稍外一层的圈层是"How"，即知道这件事该如何操作，在有目的和理念指导的前提下，明白怎样去实施。最外一层的圈层则是"What"，也就是最表层的认识，知道这件事做完之后的现象和成果是什么。

外行人只能看到最外一层，而内行人则知道如何去做，但只有明白为什么要做，在看到现象和成果之前，就已经有了明确的目的与理念，才能够成为一个行业的领导者。

举个简单的例子，当我们在手机上使用一款非常新颖的App时，我们会意识到它可能解决了某些方面的痛点，为我们提供了某些方面的服务，这就是我们对"What"的认识；而App的开发团队，则知道怎样将这种服务从设想变为现实，一步一步呈现出来，这就是对"How"的认识。但真正能决定这一App定位的，是提出点子、发现商机的人，是他引领着这个团队提出目标、设立理念，而这样的人才抓住了核心的"Why"。

你可能会说，自己很欠缺后者这样的领导力。但其实领导思维也是在不断实践和打磨当中建立的，当我们缺乏"黄金思维圈"最核心的分析习惯与思维方式时，也不必因此而感到困扰，你可以先通过复盘已经完成的项目，去分析领导这个项目的出色人士是如何设想的，由外层到内层地反推，从"What"一点点反推出"Why"，熟悉深入思考的方式。而且，在自身遇到一些浅层的实施问题时，我们也可以通过这种反推的方式练习，明白自己所做的事情的目的，再从目的出发，重新设定和规划自己的工作与生活。

当你感觉自己很难直接看到本质的时候，从表层行为反推回本质是一种非常高效的思维方式，这种方式可以帮助我们更加深入地认识工作，认识自我。

可以说，"黄金思维圈"法则就是在理念层次上建立认知顺序。而我选择用思维导图的方式去"拆解"黄金思维圈法则，最终研究出用"圆圈图"来辅助思考的过程。

从下图一个简单的例子出发，对已经完成的工作进行复盘，当思考如何进行人生规划时，可以先写下最外层的工作成果，尽可能多地把目前的成果罗列出来，填入外层圆圈图里。

然后反推，在第二层圆圈图中写下自己是如何做的、如何进行这些工作。

接下来关注"圆圈图"的中心，当我们审视了自己的行为过程及结果时，因为已经知道了，通过前面的分析，可以更加清楚地明确我们这些工作的意义，也就是为什么要做这些事。

也许当你在选择做这些事时，并不清楚自己的目标或理念是什

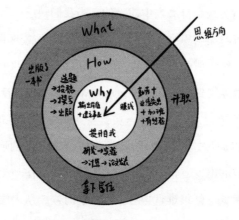

图 1-12

么，但在得到成果之后，相信你已经对它们实际所达成的目标有了一定认识，以圆圈图的方式整理总结，可以帮助我们更深入理解自己行为的意义而不至于感到迷茫。

然后我们开始进行第二阶段的设想：如果在一开始就可以从"Why"圈层出发，你还会选择之前的行为吗？你还会得到和现在一样的结果吗？我们可以从中间往外自行发散思维进行思考，从我们的目的来假想，设计自己的行为。

通过第二个阶段的设想，可以真正帮助我们练习"黄金思维圈"的思维方式，也可以让我们对当前所做的事情有更加深刻的理解和认识，或许还可能对你接下来的工作起到一定的指引作用。更重要的是，在一开始反推出了自己的目的后，我们可以相对简单地寻找到黄金思维圈中最难捕捉的"Why"圈层信息。

而圆圈图的方式，可以囊括大量的同类型信息，你可以尽可能地将自己的选择或疑惑写入其中，每一个不同的主题之下，都可能碰撞出不一样的火花。

将"黄金思维圈"模式与思维导图结合起来，进行这样的练习，最主要的目的就是让我们真正建立有前瞻性的认识、思考方式，在分析一个问题的时候，就可以从更加深层的角度出发，窥破表象看本质地去思考。

如果说思维导图只是一种工具，能够将我们现阶段的工作以更省时省力的方式呈现出来，那么好的思维方式，能让我们真正加深对工作乃至人生的理解，这是更有可能改变人生的。将它和思维导图结合起来，才能更深层次地影响我们的生活。

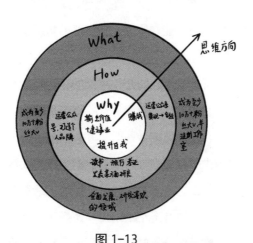

图 1-13

扩展视觉世界

和一般的笔记最大的不同在于，思维导图是彩色的，这种呈现模式，让我们除了在文字刺激之下，又多了一层色彩刺激，可以更好地辅助大脑对内容进行思考。

既然思维导图的呈现模式已经拓展了我们的视觉世界，我们就应当将其色彩的优势利用起来。它缤纷的色彩不仅仅是看着漂亮，如果进行适当安排，还能在符合大脑喜恶的情况下，对文字记忆及理解起到辅助作用。

因此，对色彩有一定认知是很重要的，让我们真正将思维导图扩展视觉的优势利用起来，就要从这些细节入手。

有些人起初在绘制思维导图时，并不理解大脑的思维和认知方式，仅仅是以画画的习惯来进行信息罗列，导致无法让思维导图真正起到最高效的帮助。甚至有些时候，错误的绘制方式还会给我们添麻烦，让我们在无形中给自己挖了"坑"而不自知。对我而言，使用色彩描绘思维导图分支时，有以下四个重要原则：

1.最基本的原则，即每一个分支只能用同一种色彩来进行描绘。

用颜色来区分每一个分支的范围，可以让我们加强逻辑性记忆。

2.使用鲜艳的色彩来绘制分支，尤其是饱和度较高的颜色。对大脑来说，饱和度更高的颜色对大脑的刺激会更加强烈，就像小孩子天然就喜欢饱和度高的缤纷色彩一样，人脑对于这类颜色的反应和记忆也会更加深刻，我们应该符合大脑的认知规律，对信息进行呈现。

3.相邻分支之间不要用相近色。两个相邻的分支，如果使用相对接近的颜色进行呈现，对大脑来说更难分清其信息，那么色彩在视觉上所起到的强调和区分作用就大大被削弱了。比如，黄色的分支旁边尽量不要使用颜色相近的橙黄色。

4.对内容相差较大的思维导图分支，尽量使用对比色。当你所呈现的两类信息在整体架构中相差较大，或处于不同范畴，或属于不同环节，都可以使用对比色来进行区分。由于对色彩的认识是比较主观的，有些人会认为对比色之间的关系呈现更加紧密，在这种情况下，也可以符合自己的认知框架，以对比色呈现内容更紧密的信息。

思维导图的色彩美学也十分重要。让纸面上呈现出来的信息漂亮、舒适，只是最基础的要求，在美观之外还应该起到一定的辅助记忆作用，这样才能真正利用好思维导图扩展视觉世界的能力。与此同时，思维导图的分支安排也可以影响到我们对信息的接受程度，因此，注重视觉上的呈现方式，以一种疏密有度、主次分明的方式来进行安排同样也很重要。

对我个人来说，我会将笔记上的一些技巧运用在思维导图当中。

导图的纸张尽量横向，在绘制导图时，我们可以选择"两页法"。这是在笔记工作当中非常常见的一种方式，就是将本子摊开的两页看作一个整体，用来记录某一大类内容。思维导图也是如此，它需要尽可能大的一张纸来囊括更多信息，所以当你选择在笔记本上随手进行思维导图绘制时，就可以运用两页法，将两页合成一页。

导图的纸张也尽量横向使用，是因为人的眼睛是横向排布的，这注定我们在横向上的视觉区域比纵向更广一些。长期用眼下来，大脑对信息的接受和处理就会形成习惯，在同一时间内，当纸张以横向而不是纵向来呈现信息时，我们能够关注到更多内容。

不同分支之间的信息安排应该疏密有度。很多人在绘制思维导图时，往往刻板地给每一个一级分支都划分了同等的绘制空间，但并不是每一个一级分支下面都能获得同样多的信息。这就导致在绘制后期，思维导图的某一部分变得特别紧凑，有些地方却显得十分稀疏。这种疏密不一的安排，会在视觉上给我们的大脑产生压力，也不利于对信息的理解，哪怕仅仅从美观上来讲，也是不合格的。所以在绘制之前，我们应该对思维导图所囊括的信息有一个大致认识，然后有目的地给不同分支留下不同的空白余地，这样才能让我们呈现出来的思维导图是美观的，是能带给大脑积极刺激的。

这些细节上的技巧大部分都是普适的，相信在大家都能产生共鸣，但每个人也都有自己的个性，所以也不一定适合所有人的思维习惯。但对这些技巧的关注点大家已经有所了解，可以在实操过程中依照自己的喜好进行安排，通过不断的练习和实践，摸索出最适合自己的办法。

这也是我们所说的，为什么思维导图一定要多学多练，因为你所接触的信息并不一定完全适合自己，只有不断练习，才能寻找到真正适合自己大脑的"定制技巧"，而在这之前，我只能通过自己的经验来给大家分享一些我觉得适合的内容，也算是抛砖引玉，希望诸位都能在自行练习当中找寻到适合自己的办法，不要辜负思维导图这种呈现形式给我们带来的视觉扩展帮助。

永远别忽略主题

当我们围绕着一个主题出发去绘制思维导图时，不要忽略最中间的主题部分。

可以说，如果你的思维导图要省略所有的图画内容，也尽量要保留主题图。这是因为主题是整个思维导图的内容核心，凝练的主题可以让我们一眼望去就领会到思维导图的主要信息，在主题部分做一些图画装饰，可以呈现思维导图的某些分支重点，能帮助我们的大脑形成短暂图片记忆。

这样，即便你只是对这个思维导图的主题中心部分有一点印象，也依然能对导图的重点有一个模糊的认识。

不仅仅是思维导图的主题需要被关注，广泛地说，应该是所有的笔记标题都应该得到我们的重视。

对于一个会利用笔记的人来说，他所做的笔记最要紧的一点就是具有条理性。只有条理分明，才能将自己要传达的信息以最快、最明确地方式传达给别人。

而在做笔记的时候，在每一页的最顶端都明确写出内容的主题，用一句话的标题形式将一页知识概括出来，就能让我们迅速接收到信息。

"我习惯用较粗的笔来写标题，将标题写得很大。就利用每一页最顶端的空白区域，有些笔记本在最顶端有一条空白的方框，这里就是我写标题的地方。"一位咨询公司的职员这样说。

对于笔记本顶端的空白区，绝大多数人都会将其忽略掉，即便偶尔利用起来，也都是"写一下名字""标记一下时间"这样的方式。能够记得写标题的人，少之又少。

然而，当我们用看报纸的态度来看待笔记的时候，就明白为什么要写标题了。在出版物中，报纸的文字尺寸几乎是最小的，也是排布最为密集的，纸张页面更是最大的。这时，我们都是通过什么方式从众多文字中筛选出我们想看的信息呢？自然是加大加粗的标题。所以，在新闻行业，如何把一个标题写得吸引人又能总结重要信息，是记者们相当基本而重要的素养。如果你也能学会像写新闻一样给笔记加一个标题，你的信息总结、整理的能力就会提升很多。

在思维导图当中，"主题"位置的信息就起到跟新闻标题一样的重要性。首先，你应该总结出整张思维导图所围绕着的中心，当你写下主题词的时候，就意味着思维导图都应围绕着它进行诠释。"挂羊头卖狗肉"的行为在思维导图绘制当中是大忌，主题的重要性就是让我们能在短时间内尽可能多地获知导图信息，所以接下来的导

图绘制一定要扣题，对主题的提炼应当做到"精准"二字。

"精"意味着主题词的字数不要过多，虽然我们在前面举例时，用报纸的标题来强调思维导图主题的重要性，但主题词不能真的写成一句标题。当你囊括的信息越多，一眼看去时就越难抓到重点。可以将大量信息融汇在图片当中，使主题尽量以某个词汇或短语的形式出现。

"准"就是我们所说的，要抓住真正的核心，千万不要让主题和内容偏离，这样才能做出一张紧扣重要内容的思维导图。

而这个主题除了以文字来表述之外，最好还要配上能吸引目光的图片。很多简略化的思维导图，尽管已经删去了尽可能多的细节，仍然会保留主题图片，就是为了突出主题内容的重要性。

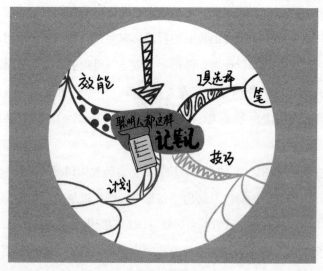

图 1-14

如上图，思维导图的主题图绘制要紧扣内容，同时要以尽量鲜艳的色彩和相对夸张的漫画形式展现，尽可能地让我们在看到一张思维导图时，先将注意力放在其上。

这是符合我们大脑认知顺序的。当我们在阅读一本书或看一篇文章时，肯定会想要先了解题目来对核心有预先把握，而思维导图承托着繁杂的信息，就必须让"主题"在其中脱颖而出，我们才能按照分支顺序来层层围绕题目向周围扩展理解。

同时，思维导图的主题位置大多会放置在纸张正中心。在我介绍做笔记技巧的书籍当中，曾经反复强调过要将最重要的内容放在一张纸的中心位置记录。因为大多数人都会首先关注最中心位置所呈现的信息，这就是利用大脑在阅读时的惯性。

所以绘制一张导图时，也尽量将主题放置在纸张中央。一方面可以让我们最先关注；另一方面，方便我们围绕着主题排布不同的分支，可以真正达到"从主题开始发散"的呈现效果。

在起手绘制一张导图时，如果你感觉自己没有什么想法，也不必心急，不妨先仔细地绘制出精美的主题信息。绘画的过程，也是我们不断去揣摩主题、思考细节的过程。而思维导图的本质，就是将我们大脑的联想信息以更加形象的方式展现在纸张上，当你开始围绕这个主题思考时，其实就已经开始绘制思维导图了。

围绕中心主题所排布的第一级分支，就是你在看到这一主题时所联想到的内容，属于它们的二级、三级分支，也不过是将这个过程重复了一次又一次。所以当没有想法的时候，就把你的需求总结

成为一个主题，画在纸上，反复去琢磨，不要吝惜自己手下的笔，也不要担心你的思维导图画得不够成熟，只要把想法都写下来就好。

成熟的思维导图可以作为工作的总结整理，长久收藏，但并不意味着它就只有这种作用。围绕着主题发散思考写下的那些草稿，都是我们脑海中思路碰撞的证明，写下来的过程会帮助我们捕捉到更多有用的信息，正是这些草稿造就了最后成熟的思维导图。

而在一开始，所有人选择的都是先把主题写下来。这是一切行动的第一步，在这一步上多花一些时间，可以真正打好我们绘制导图的地基，它也在某种程度上决定了我们接下来的思考方向。

因此永远都不要忽略你的主题。

在思维导图中体现四象限法则

当我们在用思维导图规划某些工作时，可以在导图里运用到某些时间管理法则，当你有了这种思维时，会让思维导图的效率变得更高。

例如生活中最常用到的"四象限法则"，当我们开始用导图进行生活、工作的日常计划时，也可以将这种法则融会贯通，真正应用其思维，而不仅仅是模式。

传统的四象限法则，相信很多关注高效工作的人都有所了解。这一被称为"四象限时间管理法"的思维工具，通过最典型的象限给出了一种形象的、有效管理时间的思维模式。

四象限法则的最典型呈现方式如图：

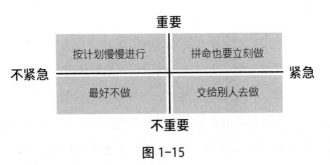

图 1-15

它建立在一个坐标轴上，横轴代表紧急程度，纵轴则代表重要程度。通过横纵轴的结合，每一个象限内部所呈现的事务都有其特点。

当我们仅仅将所有的工作都列在清单上，就很难区分其轻重缓急，也许所有的工作都要花费差不多的时间和精力去处理，这会让我们在生活当中将一些时间花在不必要的事情上。追求效率意味着懂得取舍，通过衡量不同事务之间重要和紧急程度的关系，我们可以懂得哪些事是立刻要做的，哪些是可以花时间去做的，还有哪些是可以交办给别人，或者是放在其他时候再考虑的。

比如说，你的项目需要准备一个重要的演讲PPT，在即将到来的会议当中展示给大家，可以说就是最紧急又重要的事，应该在第一时间花心思去做，是当前的主要投入对象；如果你需要制定一个新一年的工作计划，尽管它并不是那么重要，却将影响你接下来的选择和发展，是绝对不可或缺的，那就是重要但不紧急的事，可以专门留出时间慢慢琢磨。

当我们不断去筛选时，就会发现一些原本觉得一定要做的事情，其实看起来并没有那么重要，通过思考，在计划过程中起到了一定的断舍离作用。

这是最典型的四象限法则起到的作用。

接下来我要介绍一下应该如何运用四象限法则。

你会发现，四象限的呈现方式，本质上是在锻炼我们的思维，当你已经习惯了这种逻辑思考方式对事进行分析时，就没必要专门去画一张四象限图来辅助。所以，我会在绘制思维导图的过程中，直接融入四象限法则的思维模式去筛选。

尤其是一些规划类思维导图，有时并不需要直接呈现"四象限"，但当这种思维已经根植于我们脑海中时，绘制思维导图的联想过程就会受到其影响。具体的过程差不多是这样的：

1.先绘制出我的规划主题，比如"月计划"。

图 1-16

2.在一级分支上，写下工作、生活当中几个占据时间的大类，比如工作、副业、家庭生活、个人提升、休息等。

图 1-17

3.然后在每一个大类下，写出接下来一周中原本计划要做的事情。规划就是不断成型，然后不断推翻，一步步打磨出来的，所以在这个过程中，不要畏惧修改自己的思维导图，我们可以大胆地将原本的想法全都写下来，写得越多越好。

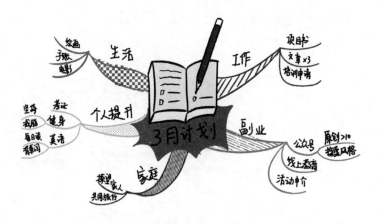

图 1-18

4.在自己绝对做不完的这些事情中，我会逐个进行分析。思维导图的雏形已经基本呈现，我可以在一张纸面上看到自己接下来一周想做的所有事，也可以综合分析其紧急和重要性。

5.我会给每件事情进行色彩标记，把分析后觉得最紧急、最重要的事情放在第一位，用红色提亮；如果是紧急但不重要的事，我会进行衡量，舍弃其中的一部分，然后将的确无法舍弃的内容与紧急重要的工作穿插排布，标记绿色；对我来说不重要的内容往往挑战性较弱，将它们与重要的、完成比较难的工作间插排列，可以让工作节奏变得张弛有度，起到一定的休息作用。然后留出较多的时间，去做那些不紧急却重要的事，将它们标记为紫色。

图 1-19

6.对一些完全可以舍弃的工作，我会直接在思维导图上进行圈画，将其删除掉。导图本来就是一种思维辅助工具，所以以实用作为第一目的，并不会过于在意导图是否美观。

也有一些人在导图绘制上的习惯跟我不太一样，而这种方式也可以供大家参考，相信你们也能在实践中摸索出真正适合自己的方式。有些绘制者会依照四象限法则的框架来绘制，将导图的一级分支分为"紧急重要""重要不紧急""紧急不重要""不紧急不重要"四个，然后直接将自己的各类规划写在一级分支之下。好处是，筛选思考时的过程会变得更加直观，可以很快地衡量出自己要做出的取舍；而坏处则是，如果他们要规划的工作比较繁杂，就可能会遗

漏某一方面的信息。

当工作比较细碎的时候，为了防止遗漏，一般会按照门类来进行一级分支的划分。不同的思维导图呈现模式，对不同需求而言，起到的效果也不完全一样，当我们在获取了别人的经验之后，还是需要结合自己的实际需求来进行调整，只有不断去实践才能找到真正适合自己的方法。

但最终目的都一样，就是希望能够通过导图这一工具将我们的工作和生活安排得更美好，以一种不费力的方式实现高效率，让自己可以真正提升个人价值。

绘制思维导图应注意适当留白

很多人在参阅别人的思维导图绘制时，会产生一个疑惑："为什么有的人导图画得很精美，有的人画的却看起来像信手涂鸦一样，非常粗糙，是不是他们之间的水平有一定差异？"

我想更多的可能是，这些思维导图的应用环境并不同。

当我们在思考时，如果选择用导图来辅助，即时性地画出手中的导图，就必然会在后期不断进行修改。比如某一个点子刚从大脑中冒出来的时候是一种样子，在不断斟酌思考，与别人探讨交流之后，它可能就会变成另一种样子。

这个过程中你去绘制的导图，只是为了让大脑中所有的信息都呈现在纸上，不至于遗漏，并不会追求什么极致的美感。甚至在写写画画中能够体现你的整个思维过程，你能清楚地看到自己划掉了什么信息，推翻了什么设想。

而当我们的理念变得成熟，拍板定论之后，可能会再绘制一张思维导图，进行复盘总结。一些读书笔记、讲座笔记等，也类似于

这种需求，它们都是将别人已经成熟的概念和想法整理记录下来。这时就不会再修改什么，为了起到更好的记忆、理解作用，我们就可以将整张导图绘制得更加精美一些。

所以从这些差异中，你可以看出两大类思维导图的使用环境。但不管是思考过程中绘制的导图，还是整理他人信息所绘制的导图，在画的时候都要注意适当留白。

留白最开始是源自中国画的概念，书画作品中，为了让整张图画变得更加协调而富有美感，就会在特殊的地方留下相应的空白，让我们通过自己的想象力去补充。

思维导图也要留下相应的空白，一方面是如同书画作品一样，起到美的效果，让整张图的信息排布错落有致，不致过于拥挤。书画作品里某些部位留下的呈现空间不足，会让我们感觉打破了平衡、缺乏美感，思维导图也是如此，如果某一分支的信息显得过于拥挤，会让我们的注意力偏移，下意识去多关注这里，也会让我们难以记住该分支所有的内容。

拥挤的思维导图就意味着信息过量输出。人的大脑认识也是有限的，我们能够通过导图的方式来不断开发，但也不能无限制地在一张图上添加信息。当一张导图的分支超过三到四级之后，对正常人来说理解接受起来就会过于艰难，所以对信息输出量的把控，也是我们绘制思维导图时需要注意的平衡，这种平衡需要我们从实践中自己体会。

另一方面，思维导图的留白是为了让我们在之后可以继续补充信息。我们永远都不能肯定，自己的这张导图就一定不需要补充内容，尤其是需要反复回看复习的导图，也许你会捕捉到新的重要信息需要记录，那时候导图的留白就起到了至关重要的作用。

经常记笔记的人一定有这种认识。我有一个朋友，翻开他的笔记本，会发现上面密密麻麻贴满了便利贴。当我问及原因时，朋友表示是因为自己的笔记会被反复回看复习，在工作中也会遇到一些新的知识内容，可以补充进来。如果把这些内容补充在笔记本后面，就破坏了它跟某个位置知识体系的整体关联性。但如果写在这一知识体系的笔迹处，又的确找不到空间。

有时他会把笔记本的间隙都写满，为了避免混淆，就用不同颜色的笔去区分，但这样看起来还是非常混乱；而贴便利贴的方式，倒是起到了补充强调的作用，却也会无形中掩盖我们对原始笔记的关注。

我给他的建议就是，记笔记的时候，每一页都留下一点空白位置，作为补充信息使用。每记完一个框架体系，就中间隔出几张纸，这样还可以把自己需要的内容继续写进去。

绘制思维导图也是如此，尽量不要一次性把纸张上所有的空白全部填满，一定要给自己留有一些补充余地。可以是思维导图的边角，方便你在原始的分支上面继续延伸。同时，每一个大的分支排布之间也留下一些空隙，如果有新的分支想要插入进来，也能实现。

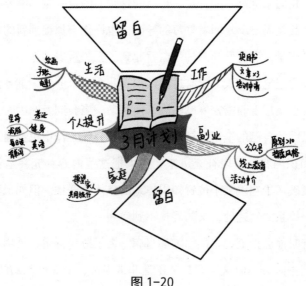

图 1-20

思维导图的排版需要具备一定的审美，这种审美是建立在对人类大脑的思维习惯认识上的。导图之所以能让我们更高效地处理工作，就是因为它让大脑觉得舒服，它的呈现模式解决了以往所有的阅读和理解障碍，尽可能贴合我们的需求。

潜意识里感觉到的"舒适"二字，是让我们在看思维导图时，能够激发效率的最大原因。

所以我们要运用自己的审美，寻求让自己感觉舒服的导图呈现模式。如果某些导图的信息含量让你觉得吃力，就说明你的大脑目前还不能适应这样庞大的信息量，无法做到在一张图上快速理解或记忆。在这种情况下，我们就要适当地将导图的留白加大，将信息再度提炼，直到找到一个你感觉舒适的状态。

只有不断开发和利用自己的大脑，人才会越来越聪明，对复杂逻辑体系的认识也会越来越迅速，所以绘制思维导图不用想着一步到位，从最简单的方式开始，先从三到四个层级的思维导图出发，一步步扩充你的内容，你会感觉自己上手更加容易。

所以导图信息的安排要详略得当，注意留白，能让你在真正实操的过程中体会到更多好处。

用思维导图整理时间，
超效率生活

在阅读后面的内容之前，希望大家已经对思维导图的使用方法有了认识，能在符合基本规则的前提下，灵活使用你的思维导图。然后，我们就可以去了解思维导图与效率是如何结合的，又应该如何践行那些理论。

以思维导图整理我们的生活，就是发挥了它的"整理"效果，一种逻辑思维的利器不应该仅仅被用来记录，我们可以将其发展成为第二个"大脑"，或是你的随身秘书，或是你的时间管理导师。这些，都是思维导图应用的重要方面。

用思维导图整理你的生活

在高效能人士的思维导图训练过程中，懂得用导图来整理自己的生活很重要。

思维导图只是一种整理工具，真正起到作用的是我们有这种认识和理念，然后用导图的形式呈现出来。事实上，大多数人都缺乏一定的整理思维，导致在生活中浪费许多碎片时间。

比如，当你沉浸在自己手头的工作时，就会因为专注而高效，甚至可能在一口气做完某件事情后，并不会觉得疲惫，反而酣畅淋漓。这是一种极为难得的投入状态，我们将其称为"心流状态"。

身处于心流时间里，就应该尽可能地让自己不被打断，一直保持专注。但很多时候我们却不得不分心，因为突然发现了让自己感到犹豫的问题：一个十分重要的文件突然想不起来到底放在哪里，所以不得不打断手头的工作去翻找；抑或接下来要进行的两个环节，不知道先做哪一项更好，就在犹豫的瞬间，自己的思路被打断，然后莫名开始休息。

一旦被打断，我们就很容易从专注的状态当中走出来，开始下意识地进行放松，然后你就会发现，手中的App、社交行为等，不知不觉就会占用你接下来几个小时的时间。

我们所说的整理能力，就是针对这些生活中可能导致自己工作混乱的问题而来的。定期整理自己的衣柜，才能恰到好处地找到需要的那一件衣裳。面对我们手头复杂的工作，也应该进行合适的整理排布，才能按部就班地做好。

需要用思维导图来理清自己的思路，在各种意义上整理好自己生活的人，深受以下几种问题困扰：

1.经常觉得自己很忙，却不知道忙在了哪里，没有明显成果。

2.工作中要处理的事情很细碎，常常因为遗漏而造成一些失误。

3.在生活中会花很多时间放在找东西上，经常忘记某些重要的东西被放在哪里。

4.很难在多项事务当中做出取舍，常常因为犹豫而浪费时间。

这些过程都会浪费一些不必要的精力，让我们将时间白白花在寻找上。最好的解决办法则是建立整理思维，对我来说，整理思维的另一个核心就是建立"规则"。

举一个非常简单的例子，这是我在日常生活中通过自己的亲身体会感受的。我和我母亲的生活习惯非常不同，母亲是一个丢三落四、常常犯糊涂的人，因为喜欢把手边的东西随手乱放，经常出现找不到家门钥匙的情况。而这样的困扰在我这里从来没有出现过，因为我在整理生活用品上非常坚持某些原则。即便是一把剪子、一卷胶带，在使用完毕之后，我也务必会将其放回原地。让需要的东西摆放在我熟悉的位置上，是我做家务时的一个原则，也可以认为是一种微妙的强迫症吧。而这就导致我无法体会母亲的困扰，因为任何时候，只要我想用到什么，都可以在"老地方"找到它们。

后来我意识到这就是一种规则意识的建立。一个家庭的物品摆放，在我的脑海中形成了既定规则，所以在任何时候我都会遵循这个规则去使用物品，也不必费心去思考这些东西都放在哪里了，因为它们一定是按照规则待在老地方的。

我们去整理自己的工作时，也应该建立规则意识。一个重要的基础就是建立"物品用完之后归位"的意识，储存在电脑中的文件也好，生活中的某样小物件也好，在你使用完毕之后，都应该将它放回原位或者归类到应该去的位置，只有坚持这样做，在这种意识引导下，我们才能真正建立规则。

用一定的规则来整理自己的工作和生活，是有一定挑战性的工作。尤其是对那些积攒了很多工作内容，却全部繁杂无序地堆放着的朋友来说，整理这些工作，给它们建立规则，不亚于给图书馆的书籍进行分门别类的编号。

我的建议是，为了避免自己缺乏思路，无法很好地整理，我们可以在工作积攒量较大的时候，先用思维导图来梳理一下自己准备如何整理，在明确思路之后，参考你从思维导图当中分析出的结果，来对物品、信息或工作进行分类，让它们待在自己该待的地方。

也就是说，在思维导图中建立自己的规则框架，然后参阅它进行整理，可以在最大限度地节省我们的脑力。

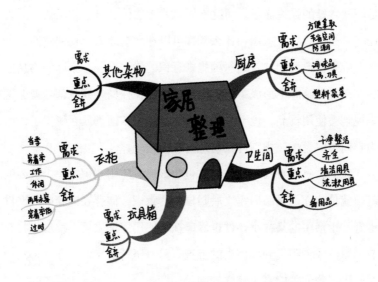

图 2-1

我们不可能在一开始就把所有的工作都分得很精细，所以围绕整理这个主题，可以先列出你需要整理的大项门类，作为一级分支。

然后在一级分支下，进行三个问题的思考，作为二级分支。问题分别是：

你对这一门类的整理需求是什么？

哪些东西使用频率较高，需要仔细规划？

什么内容是可以放弃或者丢掉的？

整理的过程其实也是断舍离的过程，在真正动手开始整理之前，我们可以凭借自己的认识先做出大概规划，这样就知道接下来具体分析时，应该依照怎样的需求进行判断。同时，在初期大致思考出可以断舍离的信息，比如已经结束不需要再看的工作项目、永远也不会使用的物品、很久之前的文件或者资料等，将这些内容列举出来，把不需要整理、可以放弃的内容打包封存，就可以专心去整理其他的工作了。同时，也要单独列出你认为需要仔细规划和使用率较高的事物，这样再结合整个主题综合思考，你就会对自己的规划方案有一个大致的认识。

只有真正找准需求，才能建立长久实施的规则，也只有真正去落实这些规则，我们才可以解决生活当中会烦扰自己、浪费时间的问题。

而思维导图的存在，就是帮助我们开一个好头，先把混乱的思绪梳理清楚，再让我们去付诸实践，最终将生活整理得井井有条。

规划思维导图让你"抛弃"大脑

我们经常强调思考的重要性，要带着大脑去工作，才能"聪明"地开展自己的工作。但有些时候，思考也可能产生一些负面影响，这时还不如暂时抛弃你的大脑。

比如在决定完成一项计划时，对喜欢拖延的人而言，思考往往会让他们做出拖一拖的决定。如果不假思索地去做，他们反而会很顺利地开展工作，进而击退拖延症，但一旦开始犹豫、思考，他们就会不自觉地去寻找可以让自己推迟工作的理由，为自己拖延的行为开脱。这种情况下，思考就变成犹豫的代名词，我们完全可以抛弃它。

朋友小U就是非常谨慎的人，在做任何事情之前都需要慎重地想了又想。之所以会这样，是因为小U比较缺乏自信心，对自己做出的决定没有底气，总担心出问题，导致不良后果，所以他特别胆怯、忐忑，自然就变得谨小慎微了。这样的性格导致在完成工作任务时，显得很优柔寡断、拖拖拉拉。

比如前阵子，我将一个任务交给了小U和另一个女孩一起完成，没多久，姑娘就找上门来跟我告状："我再也不跟小U一个组了，他真是太磨叽了。"

我问为什么，小姑娘告诉我："小U做什么事都瞻前顾后，在决定行动之前光是做选择、做决定的犹豫时间就够我完成两遍了。有些可能担责任、有风险的决定，他只要想一想就绝对会放弃，可是我们不去担责任怎么能顺利开展工作？"

所以，小U的内心其实是有些抗拒承担责任和风险的，每一次思考都加重了这种暗示，让他不断倾向于"放弃"或者"推迟"行动，但这样就打乱了最开始的计划，导致任务迟迟没有进展，而他的搭档最后也崩溃了。

像小U这种情况的人实在是不少，有些人的思考可以让他们更果决，但对行动力不强的人来说，他们本身具备的就是拖延的思维，所以思考过程只会加重他们的拖延，不能带来什么正面影响。

在完成一个已经制订好的计划时，我们不需要再考虑这个计划这样安排对不对、先做这个好不好这些问题，我们只要带着行动力直接去做就行了。此时，越是思考越容易改变计划，一旦改变计划，你就很难克制自己的拖延欲望了。

在工作之前明明已经做好了计划，为什么最后却总是犹豫并改变？明明可以直接动手做的事情，为什么还要考虑其他因素？在完成计划的过程中，总是东想西想并不能给我们带来积极影响，反而会打乱我们的步伐，这就是因为拖延症思维在作祟。

当面对一个难题时，他们首先想的绝对不是立刻去解决，而是先放一放；当需要冒险时，他们绝对不是试一试，而是决定观望。因为有这样的思维，想得越多，行为就越拖拉，所以我们才建议这样的人干脆抛弃"大脑"，直接去做，不要思考。最好的办法就是提前用思维导图做好工作规划，整理好你的工作框架，明确接下来要做的日程，自然就不会因为思考而浪费时间了。

首先，思考会让我们改变已经做好的方案。当你已经做好了一个成熟的计划，并且确定它没有问题，就千万不要去想"改变计划"的可行性，这很容易让你把原本的任务安排改得面目全非。当你开始改动第一次时，计划的强制性就在减弱，我们就可以因为种种欲望而更改第二次、第三次，这其中拖延症绝对会影响到我们，让我们不断推迟任务、不断更改计划。所以，最好的办法就是不改，也不去想"能不能改"或者"怎么改"。

其次，思考会让我们考虑太多，甚至产生畏难心态。当我们开始思考时，就是内心在暗示自己——这个任务有点问题。到底是什么问题呢？肯定是因为它有点儿难或者我们比较抗拒，所以才不能干脆地动手去做，而是要思考。越是思考很多，我们就越容易受到外界因素干扰，甚至觉得任务难到无法完成，这种心态直接导致拖延症爆发。

而且，思考太多还会让我们受到各种杂事困扰，无法分清轻重缓急。当我们想得越多，就越觉得任何一项任务都很重要，都应该快点做，但一个人的能力是有限的，只有专注于一件事才能做好，所以给不同任务排序成了一个难题。当你已经做好计划时，就决定了任务的先后顺序，再去思考只会让我们备受困扰，继续在"轻重缓急"当中做选择，不仅徒添困扰，而且降低了效率。

所以，当你已经有了计划，千万别去思考了，抓紧时间去做，才是硬道理。

当然，这也有几个前提条件：

要不假思索地去做一件事，前提是你先制订好了详细的计划。只有有了明确的计划，我们才有前进的方向，才可以完成它。

我推荐使用思维导图的方式去制订计划，是因为导图可以承载许多细碎的关键词信息，囊括海量工作安排，清晰的树状结构帮助我们快速理解、记忆，有很多优点。

这个计划需要指明目标，而且目标一定要可行，虚无缥缈的目标只会让我们丧失热情与动力，看着就实现不了，又怎么有动力去做？而计划的过程也应该具体，每个步骤要怎么做、何时做，都应该明确，这样我们才能抛弃大脑，直接靠行动完成。

做计划的过程可以说是最重要的，因为后续你将尽量减少思考，所以最开始的计划就一定要完备、要正确，这样才能起到正确的指导作用。

抛弃思考，就是让我们克服畏难情绪，学会接受计划当中不完美的内容。很多时候，我们的拖延症往往来源于内心深处的恐惧，因为觉得任务太难太重，所以对将来的工作有恐惧，就会找借口拖延。当我们不去思考的时候，就不会勾起那些恐惧感，只看当下的

工作，反而更容易推进。其实，有些困难本身并不可怕却又让你退缩，就是因为我们不断思考、不断想象，让它显得非常恐怖。当你真正去做的时候，才发现也不过如此。

而思考的另一个负面反应，就是让我们想到计划当中不完美的地方，并因此犹豫纠结。其实，完美的计划和工作是不存在的，我们总会受到各种条件所限，无法给出一个完美方案。此时，如果过于追究细节、总在思考小毛病，就会让我们"因小失大"，无法按时完成重要的部分，所以不如不去想，只管去做就好了。

思考会让你犹豫，所以放弃思考和犹豫，才能远离拖延。

最后，我们在制订计划的时候一定要根据事情的轻重缓急，对其进行较为合理的安排，这样可以减少实施过程中的焦虑与犹豫。我们在前面介绍的"四象限法"就是如此，考虑先完成哪个任务，这是一个非常占用时间与精力的事，而且很容易让我们摇摆不决，无法专心完成手中的工作。

所以，不如提前对事情进行合理安排，这样才能在后续过程中集中精力去处理问题，防止在无谓的环节和问题上纠结。

思维导图囊括"TO DO"设计

什么是整理时间？

乍一看去，会觉得"整理时间"是一个非常虚化的概念，当我们什么都不做的时候，时间也在静静流逝，没人可以控制，谈何整理？

所谓整理时间，其实就是在整理某一时间段内，你手头要做的事情。如果你的生活非常繁忙，常常把自己的待办清单写得满满当当，每一项工作都会占据你的一段时间，那你的"时间盒子"就像自己的杂物间一样，需要去整理安排。

如果你的生活非常清闲，在处理完手头的任务之后，仍然还有大把时间可供挥霍，不知道该做什么，在这种情况下还需要整理时间吗？也是要做的。当你在整理手中工作的时候，就是在重新规划你的时间，你可以意识到自己到底有多少富裕的宝贵时光可以利用，并通过自己的思考用合适的方式填满它。

这样一来，我们就实现了概念的落地，让"整理时间"真正可

行起来。

整理时间就是在整理我们在短期或长期要做的事情，尤其是工作中的事务。用思维导图的方式来整理和体现，我主要有两种需求：一是长期遵守的时间管理规则；二是每一日的时间整理。

面对第一种需求，我往往会将其分为六到七个一级分支，这是我固定会关注的几个大类别。如下图所示，我的长期时间整理方案里一级分支分别为：

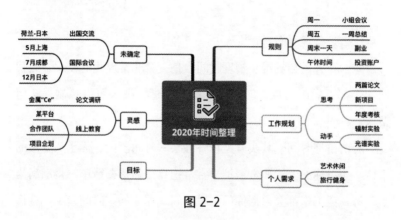

图 2-2

1.规则：长期遵守的时间管理规则

我会将自己在时间安排当中长期遵守的规则写在第一个一级分支下，以免在相对较长的周期里，遗忘自己的规则安排。这样可以避免后期出现手忙脚乱的情况，不会让自己的工作重归混乱或需要再次进行整理。

比如，我的习惯安排是"每周一召开小组会议""周五进行个人的一周工作总结""周六或周日挑一天完成自己的副业内容""每天下午上班时间前查看自己的投资账户"。

这些整理方式，能让我知道自己在某些时刻该干什么，只要把规则写下来，在接下来的日子里照着做就可以了。这有效地保证了我在处理当下的工作时，不会被其他安排所分心。

比如，只有周末的时候我才会统一计划自己的副业，并进行下一周的副业安排，就可以在工作日全身心投入到自己的主职当中，即便遇到了问题，也可以暂时记录下来，统一等待周末处理。这在一定程度上保障了专注，能维持当下的最高效率。

2. 工作规划：分为思考和动手两个层面

对我来说，我的工作分为两大类——一类是思考类工作，包括写作等书面工作全部归类到这里；一类是动手类工作，比如要进实验室进行实操、操纵仪器等。

相对来说，动手类的工作时间安排并不完全取决于我，因为申请实验室或使用仪器需要在预约之后进行时间调配，具体安排到每个人身上的时间都无法提前预知。所以我把工作分为思考类和动手类之后，就相继在其分支下面详细写下这一时间段内我的长期任务，保障自己不会遗漏任何点。

在工作当中，则会按照短期内获取的信息来进行详细的时间安

排。比如接下来一周都没有我的实操工作，那我就会将时间全部放在思考类工作里。同时，在整体调配上，我会尽量将其穿插安排，因为长期伏案也会降低效率，而总是操作仪器则显得过于枯燥、影响健康。

3. 个人需求：工作之外的需要

在我刚开始工作的时候，曾经有很长一段时间并不懂得张弛有度地进行安排。那时我认为勤奋工作、短时间内产出尽可能多的成果就是一种自我实现的方式，所以把生活中大量的精力和时间全部安排给了工作，却忽视了自己的个人生活需求。

如果你也感受过那种忙碌，就会发现如果自己没有主动去享受生活的话，很容易把日子过得一塌糊涂。当我的注意力全部放在工作上时，甚至长达几个月都没有跟朋友出去聚过一次会，也没有在城市的公园里散过步，有时忙起来，一个月都想不起逛逛超市，给自己买一袋水果。

这样持续了大概有半年，我明显感觉到自己的热情和精力都在急速下降。当缺少了来自生活的滋养，完全忽视自己的个人需求时，工作的成功或财富的增长就完全失去了成就感。

于是我开始有意识地写下个人需求。并不是只有工作才值得被安排，整理时间，写下自己的个人需求，留出足够的时间去享受生活也是很重要的。这就像高速路上的加油站，短暂的补充能量可以让你的精力变得更充沛，接下来也会走得更加顺畅。

4. 目标：长期来看对自己的期许

接下来我会写下这一段时间里自己的目标。工作安排并不等于目标，只是对我们现在已经知道的、需要做的事情进行一个安排。目标则是长期履行计划后期待的工作成果，之所以要在一个时间安排思维导图里写下目标，是为了在每一次因为分配时间而去看这张思维导图时，都能意识到自己最开始想要的是什么。

并不是每个人都能不忘初心。事实上，当我们把精力投入到繁杂的工作当中，很容易过度着眼于当前，而缺失了对未来的规划和期望，从而遗忘一开始做这些事情的目的。有了目标的指引，整个时间规划才不会偏离我们最初的期待，而写下这种期许，也能在你想放弃的时候起到鼓舞的作用。

5. 灵感：随时补充未来的工作规划

相信很多人都会在生活中产生一些对当前工作或未来规划的灵感，尽管它们可能看起来并不能立刻实施，但我们也应该将其记录下来。即便现在看来，你可能觉得这些灵感的实施非常困难，甚至一时半会儿想不到好的解决办法，但写下来就意味着你还会有机会思考这件事，还会用新的灵感去填补这个框架。

如果你放弃了自己的灵感记录，十有八九会忘记当初的想法。

我曾经有过一个关于儿童绘本的选题灵感，因为过去从来都没有做过绘本，在短期内看似乎很难实施，就把这件事给遗忘了。大概过了一两年，突然有一位要好的编辑与我商量，问我是否有想法基于自己的工作来画一本绘本，我当时就感觉无从着手。

因为这个消息来得很突然，我没有进行过任何准备，所以一时之间也不知道该怎么处理。那时我突然想到了自己之前的灵感，如果在最开始我没有放弃得那么快，一两年的时间，哪怕偶尔补充一下，也足以让一个灵感从粗糙变得成熟。

因此尽管现在来看你可能做不到这些事，但也别敷衍对待你的灵感，把它写下来，偶尔有精力的时候思考一下，不必作为一个硬性规划的目标，你一定会在某个时刻感到自己有所收获。

6. 未确定：还未确定安排下来的工作

我们手头的工作不可能全都是确定要做或确定不要做的，一定也会有一些"现在还没有确定，关注后续通知"这样的工作。面对这些工作，我们也应该留出一定的时间或精力，时刻准备着消化它。

如果你把这些未确定的工作抛除在自己的时间计划之外，就很容易遗忘，如果有一天突然确定，就很容易打乱你当前的安排。意外总是会出现，但我们也希望将发生意外的可能性降到最低，所以还是尽可能地将它们也写下来，让自己提前准备。

通过这样一个长期待办事项设计，我们能对自己当前的工作规划、时间分配有一个更加合理的认识。而这一类型的思维导图一定要留下更多空间，方便自己补充，它可以是一个季度乃至一年的规划，能让我们在一个大的周期里面得到有效指导，少了很多安排时间的苦恼，保障自己长期的工作可以按部就班完成。

拒绝多任务处理，开启心流时间

你知道自己一天都做了哪些工作吗？当你在开启一天工作的时候，对自己要做的事情和时间安排有没有一定认识呢？

我曾经观察过一个总说自己很忙，却总是不能把手头事务做完的朋友，发现他的一天时间安排特别有意思：他所在的机构有一些外国人，所以大家习惯了在早上10点左右进入喝咖啡的时间，当其他人端着咖啡杯去茶水间时，只要招呼他一声，无论此时他手头在做什么工作，都会立刻跟上同事一起去。

他说："我这是进行必要的同事之间的感情交流。"

而到了下午3点，还会有一个下午茶时间，又有一部分同事要去短暂休息了，他还是随叫随到，做里面最积极的参与者。

就这样到了快下班的时候，他才会大呼苦恼："天哪，今天的工作又没完成，怎么这么多活？"

怎么别人可以完成，而他不行呢？因为其他同事对自己手头的工作有个大致的规划和认识，如果觉得当天的工作较多，就不会去参加这些社交活动。只有我这位朋友，从来不预估一下今天要做多少事，永远随心所欲地安排时间。

他的经理也不会让他负责一些周期较长的项目，因为我朋友很难将一个大项目分配到不同时段，一步一步完成。他会在前期慢悠悠地推进，直到自己一算日子，发现可能没法按时完成，才会疯狂加班。这样出现了几次问题之后，他就很少接到这种工作了。

所以我的朋友总会在一天中的某个时间段，或一个工作周期中的某一阶段感觉自己特别忙，但他想不到是因为前期的松散导致了后期的紧张。

这也是很多人面临的一个问题。因此我建议大家使用思维导图当中的时间轴导图去安排自己的一天，在前一天或早上起床之后，将这一天的时间大致分配好。

在时间轴导图的安排里，我个人总结出几个适用的要点：

1. 工作安排要尽量"闭环"

除了能罗列工作之外，时间轴导图还能提示我们每项工作在哪个时间段完成，这就是一种闭环的指导，能让我们更有行动力。

举个例子，一个新媒体工作者每天要写公众号文章，这就是开环的指导。它没有说明一天要写几篇、每一篇写多少字、在什么时间段写，这导致我们拿到这个工作安排时，会感觉自己无从下手，心里产生不了要行动的紧张感，也不会有做完之后的成就感。就像

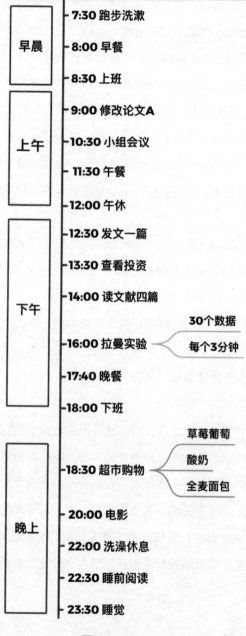

每日TODO

早晨
- 7:30 跑步洗漱
- 8:00 早餐
- 8:30 上班

上午
- 9:00 修改论文A
- 10:30 小组会议
- 11:30 午餐
- 12:00 午休

下午
- 12:30 发文一篇
- 13:30 查看投资
- 14:00 读文献四篇
- 16:00 拉曼实验 — 30个数据 / 每个3分钟
- 17:40 晚餐
- 18:00 下班

晚上
- 18:30 超市购物 — 草莓葡萄 / 酸奶 / 全麦面包
- 20:00 电影
- 22:00 洗澡休息
- 22:30 睡前阅读
- 23:30 睡觉

图 2-3

一条线，没有起始和终点，就不能产生大致的认识，也就不知道从什么地方切入。而时间轴导图明确做出了指导，让我们知道在哪个时间段内需要做什么，同时你的工作安排也尽量做到详细闭环，就能给自己更明确且有行动力的指导。写任务清单一定要便于实行，过于笼统的概念很难让我们产生紧迫感。

2. 每个时间段内安排一项工作，拒绝多任务处理

"心流"的概念出自心理学家米哈里·契克森米哈赖，他通过多年的研究和自己的观察，发现有些人在高强度工作之后的表现跟一般人不同，不仅没有疲惫不堪，反而觉得高度满足，十分兴奋，他们在工作中的效率也非常高。

后来，他总结出"心流"理论，认为一个人如果能够专注于某项工作，就可能引动自己的心流时间，让自己完全沉浸其中。在这种情况下，人们会抗拒被打断，不愿意从当前的专注当中走出来，甚至会遗忘时间的流逝。

一个典型的例子就是人们在玩游戏的时候，往往都会表现得比较忘我。

多任务处理是打断心流状态的罪魁祸首之一。专注，才会引动心流，只有将所有的精神投注在当前所做的工作上，人才能在短时间内达到最高效率，进而变得忘我。

如果你一边工作一边打电话，电脑上处理着邮件，手机还要逛

逛购物网站，你的注意力就全部分散了，这种状态不仅达不到专注，还特别容易被打断。或许你在工作中突然看到了某个推送，那接下来的半小时，你都可能被推送的内容吸引注意力，转而忘记手头的工作。所以很多人会觉得自己在工作中"刷刷手机又是一天"，当你在同一时间做许多事情时，就会导致这种问题。

我们的时间轴导图一定不要在同一时间段内写下多个工作，保障自己在每一个专注时刻只做一件事，你才能达到单位时间内的最高效率。

3. 时间安排要头重脚轻

对动物园的猴子来说，早上吃三根香蕉，下午吃四根，跟早上吃四根、下午吃三根有差别吗？

或许从总数上来说没有差别，但从猴子自己那里来看，它们也许会因为喜好而有不同的选择。所以我一直认为，这个故事并不能说明什么，更不能用以嘲讽猴子，那些知道自己的需求，有目的地进行选择、安排的猴子，说不定也很聪明。

比如我们在做时间轴导图时，尽管每天都是在同样的时间去做同样的事，但在时间安排上花一点小心思，还是能起到一些提高效率的作用。

对我来说，一天的上午、晚上8点之后精神最充沛，早上毫无疲惫感，精神状态是最佳的时候，就可以安排一些有挑战性的、相对耗费体力或脑力的工作，晚上8点之后大脑清醒，可以做一些背诵、理解类的工作。

用完饭之后的那段时间，我们的消化系统在不断代谢食物，大脑会相对缺血而导致昏昏欲睡。一些脑力工作在这个时段可能会效率降低，所以我在做时间轴导图时多半会安排一些轻松休闲的事情，也作为工作的调剂。

沉浸式工作是我们每个人都希望能获得的状态，如果身体不能自发地专注而引动心流，我们也可以通过自己的时间轴导图安排，整理好一天，在每个时间段人为地创造"专注"环境。

那些专注力很强的成功者，也并不是天生就比其他人毅力更强，懒惰或许是人类的本性，只是他们更懂得给自己创造必须专注的状态，强行排除了会影响自己的可能性，时间轴导图恰恰能帮助到我们做到这一点。

"短跑法"影响时间安排

在我们的时间安排里，如果你想更加专注而高效地进行一项长期活动，可以选择用"短跑法"来绘制自己的导图。

短跑的特点是什么？

跟长跑相比，短跑是在较短的时间内发力冲刺，短期内将自己存储的精力全部消耗掉。所以短跑与长跑是两个完全不同的体系，如果你用短跑的方式去适应长跑，在前面几公里就会将自己的精力全部耗尽，很难长时间保持高速。

但如果我们每天短跑一段距离，从长期来看，当你跑的总路程已经等于或超过长跑距离时，总共花费在上面的时间是远小于一次长跑的。

这就涉及精力的储存和释放。

我们在处理手头的事务时，也像跑步一样。一天内总有一段时间可以保持极高的专注度，可以以最高效率来完成工作，但我们的精力不允许我们在所有的工作时间都保持这种状态。所以长时间工作就像长跑，需要将精力合理分配。如果是短期需要冲刺的工作，你得在时间安排过程中给自己留下储存精力的放松时间。

这就是"短跑法"。

在我们进行时间规划时，你的思维导图设计可以参考短跑理论，不要将大量需要集中精力的工作都堆积在一起，过度疲劳很容易让我们更无法专注于工作当中。

对一些工作周期比较长，可以分摊到每天的事务，我们可以将其分配到每一天的任务计划中。不仅可以在每天的这个时段保持专注，还能够在长期坚持之后形成你的习惯。

曾经有段时间，我想每天坚持学英语。语言的学习是终身的，一旦不去使用就很容易遗忘，这样的想法当然很好，但对我来说背英语单词、阅读文献都是一种挑战。因为在学生时代，错误的英语学习方式给我留下了很大的阴影，让我每次想到学英语都觉得是一种巨大的挑战。在我眼中，学习英语就像一次漫长的、看不到终点的马拉松长跑。

终于有一天我下定决心，哪怕每天只是背几个单词、看一段文献，都可以作为当天导图规划里面的任务。我的目的就是帮助自己形成习惯，不求快速获得成果，只求能够坚持，克服心中对英语学习的恐惧。如果说一天背上百个单词会令人觉得有挑战性，几个单词显然是一件非常轻松就能完成的事。当我消除了自己对于"英语长跑"的抗拒时，就可以保持特别专注的态度，很轻松地迈出学英语的第一步。

一开始，我的英语学习只能坚持半小时左右，当逐渐适应了这种状态时，就想做更有挑战性的工作，比如再坚持10分钟，再多背10个单词，再看一篇文献等。随着不断适应每一个目标，然后不断挑战新状态，让我很快在英语学习上养成了非常好的习惯。几个月后，水平就大幅提升了。

所以短跑理论的存在对时间安排很有指导意义。如果你的思维导图绘制仅仅是把自己要做的工作罗列在上头，无法结合自己的心理承受能力来安排，我们对导图的实行也会大打折扣。

依照短跑法去安排一些纪律性的事务，也就是我们需要长期去坚持、遵守的事情。在思维导图里，在我们的日程清单里，应该怎么体现这一理论呢？

1. 确定可以应用的事务

"短跑法"并不适用于所有工作，对我来说，两类事务适用于短跑理论：首先是需要遵守某些纪律的事，这些纪律是长期不变的，事情也会反复出现，需要我们长期坚持，比如"早睡早起""每天读10页书""健身打卡"。它们本身就带有"短跑"的特点：每天只需要专注一段时间，其他时间存储的力量，可以在这一段时间里尽可能高效地释放出来；虽然每天"跑"的路程短，但需要长期累积。

其次就是一项需要长期完成的目标。马拉松原理告诉我们，能够很好地完成长期目标的人，都懂得把长期的目标转化成一个个短期目标，这样原本看不到的终点就变得触手可及，能激励人加快速度奔向短目标。

把一项长期需要完成的目标，转化成一个个"短跑任务"，甚至在完成过程中建立某种纪律性，可以让我们按部就班地完成。有些人不懂得去安排短任务，经常把长期目标积攒在一个非常短的期限内，试图统一去完成。但事实证明，人的精力不可能长久专注于一件事情上，当你选择一天到晚只做一件事，效率其实是最低的，因为我们完全忽视了需要充电储能的机会。

把这两类事物和概念体现在自己的导图规划里，能将时间安排得更加高效。

2. 要注意分配时间的技巧

当我们在短跑的时候，心里对自己的所用时间要有预估期待，正因为想要"跑进××秒"，所以才会逼迫自己不停加速、提高。用短跑法来安排事务时，也要有明确的目标期待，并规划出恰到好处的时间来完成它们。

"帕金森定律"告诉我们，如果你不给自己的手头工作一个明确的时限，就很容易因为拖延等问题，大大降低自己的完成效率。所以"短跑法"虽然在每天只分配了一部分工作，大大降低了挑战性，但也要通过时间上的约束来提高效率，让你逼迫自己专注起来。

3. 在导图中采取"+n"模式

我在用短跑法规划自己的工作时，经常会在原本的计划后，写下一个"+n"的数字，这就是对自我的暗示——希望自己能在计划外再多完成"n"项。比如我计划每天健身20分钟，但在做这一计划时，我会写下"20（+5）分钟"，意思就是在20分钟完成后，我希望自己还能再多完成5分钟。

在短跑时你会有这种心态，当自己快到达终点的时候，你会产生一种加速的动力，正因为胜利已经在眼前，身体内残存的多余精力可以完全释放出来。在终点线面前的冲刺，就相当于这个"+n"，我们规划的内容是自己一定能完成的，这就意味着我们还会存储一些多余精力，完全可以进行一个附加挑战，暗示自己多做一些。

人的适应性很强，如果能重复暗示自己完成这个"+n"挑战，你会发现专注程度提升了，就像短跑的速度提高了一样，完全可以去挑战更高的目标。久而久之，你会发现坚持一项习惯，做别人眼中非常有挑战性的工作，反而成为自己的常态。

这就是在潜移默化中提升了自己的效率，通过导图来约束自己，规划时间和精力，能让你快速用"短跑"的方式在长期目标中获胜。

整理大脑里的琐碎信息

　　有段时间我常常感觉自己工作特别忙碌，每天都要做许多事情，经常手忙脚乱，还觉得自己压力特别大。当我终于静下来开始回顾自己到底做了什么的时候，却发现一个惊人的问题：所谓的忙碌，仅仅是我的一种感觉。

　　造成这一问题的原因是，那段时间我要处理的琐碎事物太多了，有时候整理一个报销单据，就要反复来回修改三四次。每次交给财务之后，都有可能收到来自他的修改信息，然后再重复"拿回单据—修改—上交"的过程。这是非常琐碎的事情，每次处理用的时间也不多。但当我的工作中充满了这些"修改报销单据""检查出差申请""月末还账单""联系快递员"的事情时，就意味着我需要牵挂的事情太多了。尽管这都是一些极其琐碎的事务，甚至没必要把它们写在自己的日程清单里，但只要我们还要去做，就会把它记在脑中。

　　长期产生这种"我还有事情没做"的感觉，就让人觉得自己工作特别忙碌，压力非常大。同样，当我们在处理手头的工作时，也

可能突然想起"还有件事没做"的感觉，这就会打断我们的专注状态，影响自己的效率。

所以在某种程度上，整理自己大脑当中的琐碎信息也非常重要。也许你认为这些事所占的时间不多，但十几二十件小事存储在我们的大脑中，仍然会感觉很混乱。

我经常用思维导图来记录这些事情，将时间管理和思维导图法结合在一起。思维导图的一个重要特点就是可以简洁明快地囊括许多信息，恰好这些小事只需要写一个关键词，就可以让我们记起来，所以把它记在思维导图上，一张导图可以囊括的信息就非常多了。

用思维导图记录琐碎小事的好处是，真正实现了它作为纸张上"第二大脑"的作用。把脑海中的记忆负担全部倾倒在导图上，我们只要按照思维导图上的安排，按部就班地在需要的时候把这些事情处理掉就可以了。这样自己就不必时时记住它们，从另一种意义上完成了对大脑的清空和减压，让我们可以专注于手头的工作。

总结一下它的效果就是：

清空大脑，不需要牵挂小事，减轻心理压力；

让自己可以专注于手头的工作；

在需要做这些事时，不用费劲回忆，也不担心遗漏。

除了这些琐碎的事情可以记录在思维导图中，一项工作如果有固定的流程，流程中的环节多、步骤复杂、检查麻烦时，我也会将整个处理过程或检查流程写在思维导图中做参考。工作不是闭卷考试，没有必要考验自己的记忆力，也没必要给自己增添这么大的挑战和负担。

　　学习是一种让我们尽可能多地记住东西的过程，而工作就是让我们尽可能多地将大脑中不必要的负担清空的过程。所以在工作中，我们不断地优化各个环节，舍弃各种不需要做的内容，以提升自己的效率。以导图形式记忆和整理这些跟流程有关的琐碎信息，也是能让我们提升效率的方式之一。

　　如下图所示，我会用流程图来记录那些琐碎的工作流程。

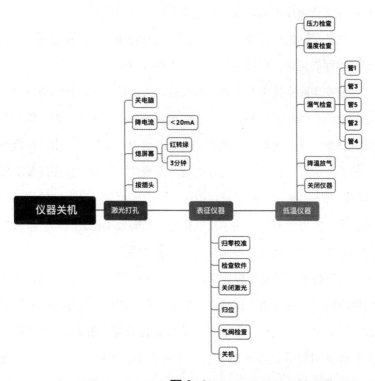

图 2-4

　　这可以算作一张检查目录，在使用完某一实验室的仪器之后，就按照这一流程来分别检查仪器是否全部关闭，并记录仪器的关闭顺序。在真正检查过程里，首先关注一级分支中的第一步，然后从第一步过程下的第一个二级分支开始处理。整体顺序就是先处理完一个小的整体，再往第二个推进，直到把一个大的分支全部解决，再进入下一个大分支。

　　这样可以帮助我们有序地将全部工作一一做完，绝对不会因为思路混乱或顺序不对，导致某些重要的环节被遗漏。

　　这些琐碎的流程在一开始是需要所有使用者全部背过的，对它们有很深的记忆，也就不需要再参考检查目录了。

　　但在实际实施中我发现，每次检查关闭仪器时，我都要调动自己的大脑，回忆起这些过程，还要反复思量这个流程是否正确，有没有遗漏，这在无形中就耗费了自己的精力。如果有一张写在纸面上的参考流程，我们完全可以进行"无脑化"处理，只要按照上面所写的分支一步一步检查就可以了。一方面可以减轻大脑的记忆负担；另一方面也避免了偶尔出现错漏，同时效率还会提高，因为我们不需要回忆，就可以不假思索地把事情都做完。

　　这种检查方式还可以应用在生活当中的很多地方，比如在某一周期内固定会进行的工作检查、周末在家中进行大扫除时的工序检查、举办某个项目或会议时的工作任务检查等。举个简单的例子，大扫除的时候我们经常感觉自己无从着手，如果你选择了先擦地板，整理衣柜的时候就可能带起许多衣服上的纤维飘落在地上，导致自己还要再清理一遍地面。某些工作可以由家庭电器来代劳，比如等待衣服洗完的过程中，我们有很长一段空闲时间可以用来清理其他物品。所以一个高效的大扫除环节，一定能把每个流程都安排好，先后顺序的排布和时间分配都很重要，那我们是不是每次做的时候都要去思考这个问题呢？完全没有必要。像这种又琐碎又强调流程的事，就可以制定一张检查流程图，等到我们在大扫除的时候拿出来，按照它的设计顺序来处理就可以了。

给自己的生活总结出更多规则，很多事情就可以无脑化执行，大大减轻自己大脑的负担，也能让我们快速提高自己的效率。

读书时刻：什么时候精读与略读

　　我的一位作者朋友给我讲过某个非常有趣的理念，比如他在写书的时候，会按照"37分"的原则，在30%的干货之中穿插70%较为轻松的讲解。

　　为什么会这样呢？

　　用这位朋友的解释来说，尽管我们都想从书中看到满满干货，但如果一本书的内容写得太"干"了，就像一篇遍布知识点的论文，阅读起来会很有挑战性，让我们的大脑感觉很疲惫。所以在每抛出一个干货要点时，他都会穿插讲解一些生动的案例或有趣的故事，让读者可以快速消化这个干货。所以在阅读过程中，你可以观察一下，手头的书大部分都穿插着不同信息，这比较符合大脑的认知规律和习惯。同样在做阅读笔记的时候，我们也要有一定的侧重点，有的书侧重于理论概念传达，相对来说精炼的重点内容会更多一些，你的阅读笔记可能会写得更多；有的书侧重于用案例来解释，某些案例在笔记中不必体现，你就可以专注于提炼它的主要信息。

最终你会发现，读书的过程是多变的。对不同的书、不同章节部分，我们都可以采取不一样的阅读方式。懂得在什么时候精读、什么时候略读，可以帮助我们更高效地汲取书籍中的知识。与此同时，在阅读过程中多加入自己的思考，你才能更好地消化一本书。

而我会在这个过程中用思维导图来辅助，画一张整体的阅读过程笔记。思维导图并不会关注书中具体的精彩句子，它更像是阅读消化过程中，对自己思路的一个记录，也是自己通过对书籍的了解所重新构建的思维目录。将这些思维导图整理起来，在下一次你想要回顾这本书时，只要看看自己的导图，就可以快速抓住其重点，知道哪些地方该详读或略读。

读书过程中画一张思维导图，还能让我们快速理解书中的信息，建立对这本书逻辑构架的认识。你可以来回顾一下，还记得自己上次读的那本书都讲了些什么吗？

我相信浮现在你脑海中的大多数都是片段，可能是某个很好的句子，可能是一个震撼人心的剧情，又或者是一个你非常赞同的概念。但要回忆这一本书都讲了什么可并不容易，尤其是整体的脉络构架，很难有人立刻回想起来。

而思维导图的呈现方式恰恰是符合我们大脑联想习惯的，通过思维导图网络中的记录，我们可以产生对整本书框架的更深印象，通过对分支关键词的回忆和联想，你就能快速想起这本书到底都涉

及过哪些内容。

目录是分散的，但导图是连续呈现的，大脑联想的能力在思维导图上得到了最大限度的发挥，让我们可以更加深刻地记忆一本书。

以下面这张导图作为例子，我们来看一下如何精读或略读一本书：

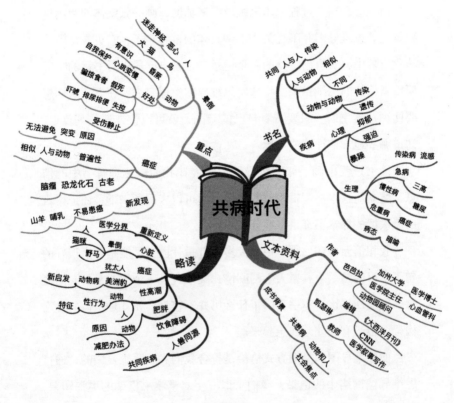

图 2-5

1.读书导图应该在阅读的过程中就绘制出来，一边读一边写

它不仅是对书籍内容的记录整理，更侧重于对我们读书过程的记录。你可以记下自己在读的过程中产生的想法，思维导图真正体现的是你大脑当中的信息，而不仅仅是这本书呈现的信息。

而通过这种方式，我们就可以真正有意识地调动起自己的思考，达到真正消化书中的内容而不仅仅是"看"了一本书的目的。

2.读书先从书名开始，记录自己的分析思考

当拿起一本书的时候，你首先会看到书名，很多人看到书名之后，就大体知道这本书里面所讲的内容，甚至可以感受到这本书的风格。这是因为你的大脑在看到书名的同时，就已经开始了思考和联想，那些快速出现的信息将构建出你对这本书的最初认识。

捕捉这种思路是非常重要的，我们经常谈起"思维方式"这个词，但真正在生活中很难体会到每个人会有怎样的思维方式。只有我们把当时的想法都记录下来，在回顾时才能清晰地看到你在当时不断联想到了什么。

所以思维导图的第一个一级分支，就是对书名、封面的分析。先不要翻开这本书，别去看目录，仅仅从书名和封面去思考，把你想到的信息都记录下来。然后再去翻目录，看看自己和作者的想法是否吻合，或者你有没有想到比作者所想到的更有趣的切入点。

这是一种阅读训练，当我们看完了别人的书，再谈自己的想法，就受到了对方思维的影响，只有读书之前先把自己的想法写下来，再去照应这本书，你才能跟作者实现一次跨越空间的思维碰撞。

3. 阅读作者的经历和成书背景

对于故事、小说、艺术类书籍，我的第二个一级分支往往是对作者的经历和成书背景的记录和思考。那些将自身经历写到书中的人，是在特定的环境下产生书中的想法，所以很多书的内容，必须要结合背景，才可以更加深入理解到位。

温斯顿·丘吉尔因为《第二次世界大战回忆录》获得了诺贝尔文学奖，当你不去观察作者的经历和成书背景时，或许会认为这是一个普通人对世界大战的回忆认识，而实际上，作为二战时期的英国首相，丘吉尔的身份以及他所处的环境，让他对这个世界的看法与普通人并不一样。所以这本书能获得诺贝尔文学奖，很大程度上也源于一个政治家看世界的角度不同，因而珍贵。

对作者的经历和社会背景进行了解，可以帮助我们更加深刻地理解书中的内容。

4. 按照目录进行略读

接下来，带着我对这本书的先期认识，我会按照目录的顺序去

略读整本书。略读目录会成为我的第三个一级分支，因为目录本身
是作者和编辑所提炼出的逻辑顺序，本就具有引导思维、帮助理解
的效果，我们的导图就可以按照目录的顺序来绘制，一边做一边快
速了解其内容。翻阅的时候，每一节的开始和结束我会多花心思去
读，因为大多数作者都会在章节的末尾写下自己的思考，甚至可能
是对这一节内容的总结。

同时，如果书中有加粗或特殊标记的信息，我也会详细关注，
这是作者或编辑认为精炼的、有价值的信息，是别人总结过的重点
内容。

通过这种阅读，将一本书快速看完，可以了解其中信息的详略
安排。

5. 对重点章节进行精读

在阅读完全书之后，最后一个一级分支就是对重点章节的精
读。我们在刚才略读的过程中，已经记录了许多重点信息，这其中
也一定有你觉得还可以精读的部分，那就回到这些章节，仔细去阅
读里面的内容细节，消化自己还没理解的部分。

如果在精读过程中，你认为有必要进行词句的摘抄记录，可以
写在笔记本上，你的思维导图中只需要记录关键词就可以。这样记
录完之后，将思维导图插在阅读笔记相关位置的前一页，就可以起
到总揽全篇的作用，让我们在回顾阅读笔记时，通过思维导图，瞬

间想起这本书的主要内容。

　　精读和略读的技巧其实很简单，完全出自我们自己的认识，你认为好的东西就可以精读，在思维导图上详细记录这些关键词；而略读只是为了帮助我们建立整体性的认识，知道这本书的各个章节讲了什么。通过精读略读结合，可以更高效地消化书的内容。

将高效法则与思维导图
管理结合

思维导图本身便是高效法则的一部分。如果能将高效思维真正融会贯通，就能通过导图的模式，结合清单规划、习惯建立、系统管理等内容，在生活的每个阶段都利用起这一法则。

以高效思维去演绎的各种工作法则，都可以用思维导图的模式更直观地呈现出来。

应用好SWOT分析法

2018年左右，我的朋友M决定辞职。

他在一家外企工作，从事公司的系统维护和开发。相对于在互联网公司工作的程序员们，朋友在外企的工作强度并不大，相应的，他的工资待遇与前景发展也比在互联网公司里的程序员差一些。

一开始朋友对现状还挺满意，可一段时间之后，他开始产生职业焦虑。诱发焦虑的最大原因就是，在他身边缺乏竞争，让他也难免适应这种状态。时间久了，他觉得自己离开外企，进入新的职场很难与他人有竞争之力。

在决定辞职之前，我建议他好好地思考一下自己当前的情况，毕竟辞职也是一个关乎未来的慎重选择。

我用"SWOT分析"的理念给朋友剖析了一下他现在的优势和劣势，朋友自己也根据他的理解，将行业内的机会和隐患进行了比对分析。最后得出一个结论，至少在他35岁之前，仍然需要进入一个竞争强度更大的环境中工作，才能在35岁左右实现自己的职

业晋升，保障程序员的"黄金年龄"过去之后，仍然可以在职场当中有自己的位置，仍然持有竞争力。

这里面所提到的"SWOT分析"，最开始是从企业竞争中总结出的一个分析法则，用于补充完善企业的战略计划。我认为，个人就是一个最小的IP单元，很多企业管理的法则也可以用在我们自己身上，"SWOT分析"在企业的战略规划上起到了很重要的作用，用在我们个人身上，也能对未来的发展起到好的影响。

这一分析法通过对外部的竞争环境和内部的竞争条件进行比较认识，通过一定的调查和理解，将与研究对象相关的一系列特点，如对内的优势和劣势，对外的环境机会和环境威胁等，列举出来并对其对应的因素进行匹配分析。

通过SWOT法则分析出的结果，能够指导我们做出一些企业决策，所以也适合个人职场生涯里需要做决策的场合。或者不仅仅是职场，当你面临某些人生抉择时，只要这一选择涉及了内部因素和外部因素，就都可以用这一分析法。

"SWOT分析"的名字，就是出自4个主要的分析情境，分别是优势（Strengths）、劣势（Weaknesses）、机会（Opportunities）、威胁（Treats）。前两者来自企业或个人内部，是我们需要对内聚焦进行全面系统分析的方面；后两者则来自外部，取决于其他的企业或个人参与塑造的竞争环境。

大多数决策都不能只是围绕着个人来开展，我们也要考虑到环境，考虑到他人的行为对自己的影响。"SWOT"法则最经典的地方就在于，将内部和外部情景结合起来，进行了全面系统的研究。

因为在做分析的时候，我需要不断地思考和联想，围绕着决策主题从这4个主要方面开始发散思维，所以我会选择思维导图的形式进行呈现分析。将思维导图和"SWOT法则"结合在一起，能让我们在工作当中高效地做出决策，是非常实用的思维导图方法。

图 3-1

1.围绕着决策主题有4个一级分支，分别就是我们所说的优势、劣势、机会和威胁

先写下它们，然后按照顺序针对每一分支进行联想补充。

2.优势：主观因素评价

对自身的优势和劣势进行思考，都是主观因素评价，我们不仅要参考自己的想法，也要综合他人的评价进行权衡。

因为仅从自我思考出发，我们对与自身有关的决定、看法可能太过主观，这会导致作出偏离事实的评价，很容易导致决策失败。如果你能有一些客观证据来证明自己的优势，就会更容易判断一些。比如对一个企业来说，企业的财政是否充足、技术力量如何、产业规模大小、产品市场份额以及广告宣传能力等，都是可以量化的数据，所以他们在分析的时候可以更加客观，作出相对真实的评价。

对于我们来说，在过去职业当中的年收入、储蓄额度、掌握技术的程度、考取的证书、完成过的项目案例等，都是可以拿出来参考的评价。

3. 劣势：主观因素评价

劣势是相对于优势一起思考的，都是关注我们自身内部的情况，有表现好的地方就是优势，有表现差的地方就是劣势，本质上它们都属于一个大类，区别只在于我们的能力展现不同。对劣势的思考记录和优势评价也是一样的，除了从主观出发之外，还要参考别人的客观评价和你手中的客观证据，来斧正自己的主观评语。

4. 机会：客观外部因素分析

它是对我们要做的决策所处的大环境进行的分析。比如当你要辞职重新找工作时，除了分析自己的竞争能力之外，你还要去看招聘的大环境、竞争对手的情况、招聘公司每年的计划等，这些都是我们无法控制的客观因素。

机会就是大环境当中对我们有利的一面。比如你所从事的行业近期有一个新风口，不仅得到了来自当地政府的支持，相关公司也很乐于大力发展，这就意味着你的工作前景将会变得更好，这就是我们通过客观因素分析得出的机会。

5. 威胁：客观外部因素分析

有时并不是我们自己不够优秀，只是所处的大环境竞争压力太大，机会太少，而竞争者的实力太强，导致我们的决策不能达到预期目的。所以在做决策的时候，就一定要关注可能存在的威胁，实力强悍的竞争对手、市场招聘岗位的紧缩等，都代表着我们做决策时要面临的潜在危险，也必须将其考虑在内。

6. 在分析中对不同因素排列优先级

不管是内部因素还是外部环境，总有一些因素的影响力更大，有些因素的重要性则没那么高。所以我们应该对所有联想到的因素进行一个优先级排列，知道自己应该偏重什么，多考虑哪些方面。

我的方法就是通过优先级序号来对其进行强调，这样思考的时

候也一目了然。还可以对不同分支进行顺序排列，把最重要的影响因素放在最前面，剩下的依次类推。

7. 分析之后，立刻制订出行动计划

"SWOT"思维导图的作用不仅仅是帮助我们梳理思维、做出决策，而是在有了决定之后，一定要立刻去行动，才不会浪费之前的分析。总的来讲当然是扬长避短，选择一个可以发挥我们优势、获得机会的方向，才是最好的抉择。

通过这一方法对内外环境、优势劣势进行分析，可以让我们全面地考虑问题，不致犯下单一思维的错误。有些人之所以会做一些错误的决策，本质上就是因为思考时太冲动，没有将所有因素都考虑在内，只看到了好或坏的一面，就容易错失良机。所以在做决策的时候，用"SWOT"思维导图帮我们梳理一下自己的想法，能让大脑中原本凌乱的思路变得清晰，接下来的分析结果也会更加可信。

思维导图与MECE原则完美结合

麦肯锡的咨询顾问芭芭拉曾经在自己的著作《金字塔原理》当中提出过一个思考法则，缩写为"MECE原则"，翻译过来的中文意思是"互相独立，完全穷尽"。

这个思考法则和思维导图可以说是天生相合的，当我们在绘制思维导图的时候运用上这个法则，能让不同分支之间逻辑顺序更加清楚，能让你的导图更有结构性。

在这之前我们需要明白一个前提——思维导图更像是大脑思考过程的一种展示，并不是说学好了思维导图，我们在工作当中就具备了逻辑思维。恰恰相反，应该说是先有逻辑思维，呈现在纸上的思维导图才更加精炼清楚。

导图只是一种展示工具，通过这种展现方式帮助我们更快速、深入地消化内容，但内容本身仍然需要自己的逻辑思维架构去支撑。而"MECE原则"就可以帮助我们在思考的时候建立更加清晰的逻辑过程。

当你围绕着一个主题提出所有的一级分支时，可以应用"MECE原则"去分析分支所代表的意义，看看所有并列的一级分支彼此之间是不是相互独立而不重叠的。同时再去思考，现有的一级分支是否已经囊括了你的所有需求，是否已经将你要写的信息全都呈现出来，毫无遗漏。

如果能够做到这两点，你的导图结构就会更清楚。这有助于我们思考一些复杂的问题，更有帮助的是，在我们需要用导图向别人展示自己想法的时候，这种逻辑顺序可以让他人更快理解你。因为它们清晰、有效。

前不久，我的表弟向我诉苦，说他的毕业论文被老师退了回来。

"老师在组内会议上批评了我好几次，说我的论文写得一团糟，根本看不懂是什么。可这些工作我在之前都给他汇报过的，他还夸奖了我，我还发表了一篇SCI文章呢，为什么现在他的评价又不一样了？"

表弟困惑的原因，并不是论文本身的价值降低了，他所研究的成果依然在那里，仍然是值得赞许的、有价值的内容。但他呈现内容的方式出了问题，导致自己无法将这些有价值的信息传达给别人并说服别人，这就让他的文章无法通过。

"你仔细想想，你的目录列得清楚吗？你是以什么结构去安排你的文章的？每一条目录结构下的信息都符合你的目录内容吗？"我这样问他。

打开了表弟的毕业论文，看到了几处很明显的问题。在一开始介绍研究背景时，他在下面写了许多样品合成的背景信息，但样品合成是跟研究背景并列的另一条目录。这就导致两方面内容出现了重叠，不符合"相互独立，完全穷尽"的原则。

同时，在实验过程的描述里，他先按照时间顺序来写，写到一半笔锋一转，开始按照重点排布来写，这让我在看起来的时候非常糊涂，没法建立一个理解顺序，尽管知道他到底想说什么，但总觉得这篇文章不够漂亮。

"漂亮"就是一种对结构的认识了。如果一篇文章的结构非常清晰，别人在阅读的时候，就可以迅速明白对方在说什么，这就大大提升了他们对这篇文章的理解。

在很多专业类的论文投稿中，即便是审稿人也不一定专攻这篇文章所研究的方向，他们未必能像研究者一样深刻意识到文章中内容的意义，这时候，能令审稿人快速理解并认同的文章，就更容易发表。所以你会发现，同样的内容如果能以一种"漂亮"的结构展现出来，更容易说服别人，就能放大你的成果。这也适用于我们在公司中汇报工作、介绍项目等。

在思维导图的绘制当中，就一定要有这种逻辑思维，遵循"MECE原则"能让我们的导图结构更漂亮、更容易被理解。

遵守这一原则，可以从下面几个点切入去思考：

1. 每一层分支的内容遵守一个顺序原则

举个简单的例子，当我准备整理衣柜的时候，尽管我最关注的

衣服是"夏装""上衣""黑灰色系""工作装"，但我不能将自己思维导图的第一级分支这样写。

因为夏装里面囊括了上衣，工作装里可能有黑灰色系，每一个分支之间是彼此重叠的，列举的这些也不能囊括我所有的衣服。这就违背了我们的思维原则。

把一个整体解构为更小的因素时，要尽可能完全，每一个分支之间要尽可能独立，这样才能保障我们不会遗漏任何信息。

如果要按照一年四季的顺序原则来排列，那么一级分支就应该是"春""夏""秋""冬"；接下来，每一级分支下都按照"工作装""休闲装""宴会装"等划分；再往下的分支才是衣服的颜色，或是衣服的不同部位款式。

每一级分支之间遵守一个顺序原则，然后尽可能完全地补充它，就可以让我们的逻辑结构变得更加完善。

2. 避免混淆不同层级的信息

同一个层级里并列的几个分支之间不可以混淆，不同层级中的信息也不可以混淆，必须保障大家都是相互独立不重叠的。比如，当我围绕着"开发公众号"这个主题进行思考时，一级分支提出了"引流""内容""宣传""定位管理"等。

"引流"这个概念其实就隶属于"宣传"，在宣传过程中，我们可以采取引流手段，所以这两个分支之间并不是并列关系，而是包含关系。尽管我们在"宣传"里可以不思考"引流"的工作，这样彼此之间也是相互独立的，没有什么重叠，仍然不妨碍我们将所有信息呈现在导图上，但会对建立整体逻辑认识造成障碍。

3. 善于利用

在我们绘制思维导图时，如果是一个相对成熟的主题核心，有很大可能别人也用导图进行了规划，那么我们可以多去参考学习，善于利用别人已经搭建好的构架。这能减少我们绘制导图时的工作，也起到通过别人的思路帮助自己查漏补缺的作用。

有很多人对结构化思考的认识不多，这其实是影响我们绘制思维导图的，也影响我们在工作中的沟通效率。所以，用思维导图训练结构化思维也非常重要。

开启GDT组织系统

"GDT系统"是一种组织管理办法，用来规划自己的工作和生活，让日常工作变得有组织性，自然就有了效率。

它的名字缩写来自"Get Things Done"（把事情完成），关于这一系统，我们这里只谈论如何用思维导图来开启自己的"GDT"模式，选取我常用的简单构架来介绍给大家。

我相信每一个打开这本书的人都希望用思维导图来提高自己的效率，这说明你们在生活或工作中面临了一些挑战，致使自己特别繁忙，所以想寻求一个解决之道；又或者你们对提升效率有自己的期待，想很好地平衡你的事业和生活，在有限的时间里创造更高的价值。那我认为，你们就很适合用"GDT"导图法来思考，去安排自己的日常工作、生活事项。

在思维逻辑上，"GDT系统"具有自己的基本流程，按照"搜集""处理""分类""执行"的顺序进行。只是这四步各自还有十分详细的内容区分，下面就按照这四个部分来进行讲解。

1. 搜集

这个概念跟我们之前所说的"记录大脑中的琐碎信息"有异曲同工之妙，就是将跟你工作有关的资料、信息、需要完成的事情等都记录下来。

在我的思维导图"GDT系统"里，对搜集的对象有多个定义。

当我们的处理对象是某个具体的项目，就需要在做之前尽量多地收集资料并进行整理，将它们保存进我们的电脑文件夹或资料收藏夹里。当我们的处理对象是某段时间的工作或生活，日程安排里每天要做的事就变成了我们需要搜集的信息，也一样要事无巨细地把这些大事小事都整理在一起。

搜集的过程要尽可能全面。当我们的文件夹变得全面，你就不需要绞尽脑汁思考自己遗漏了什么。

2. 处理

搜集的信息需要定期处理，不能永远把那些资料和工作堆积在一起，时间久了就很难处理，导致我们无法真正开启"GDT系统"。

处理是对这些事项或资料进行判断，哪些资料是有价值的，哪些事情是值得花时间做的，对那些没有价值或利用率的资料，就可以在筛选之后丢弃掉，对当前不需要做的事情，暂时放置脑后。这样处理完之后，就只剩下了我们当前要做的事和能利用的信息。

一般来讲，如果一件事情在两三分钟之内就可以做完，我不会将它归入分类流程里，而是当下立刻处理完毕。

3. 分类

接下来是分类。一直到分类这个环节，我们才开始绘制自己的思维导图。

"GDT系统"内对于分类的描述非常复杂，有许多类别可以进行选择。但是从大脑的接受角度来思考，我们同一时间能快速接收 3 ~ 5个信息，超过这些，就会影响整体的认识效率。加上生活当中也没有那么多复杂的事项类别可以区分，为了让导图结构更加简明易懂，我会选择在画导图的时候将其分为三个大类，作为一级分支。

这个组织系统中的三个大类分别是：

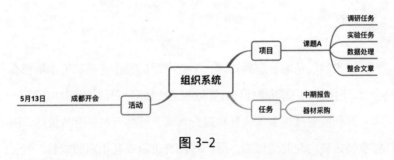

图 3-2

分析结束之后，我们往往就能得出执行的方案来。通过"GTD系统"的帮助，你可以更好地组织自己需要做的事，创建出一套属于你的结构流程，更加高效地解决工作中的挑战和问题。更重要的是，建立了某种思考的逻辑性，这对我们的实操来说是很有指导意义的。

1. 项目

项目是多个小任务的大集合，每一个项目下都囊括了多个需要完成的目标，每个目标又可能分配多个任务。在生活中，如果一个大项目被拆成了许多小任务，我们就像盲人摸象一样，常常无法顾及整个项目的要求、目的、环节等。同时，每一个小任务之间也缺乏足够的组织结构，如果全部落笔在思维导图上，会加大我们的理解难度。

所以对那些需要长期完成的项目，我一般都会将它们整合起来，写进一个大类。这样，过很长一段时间我才需要修改它。导图中的项目分类相对比较稳定，往往能作为我们未来几个月甚至一年的生活指导。

2. 任务

任务往往无法归类到项目中的一些独立行为。整理出这些任务之后，我会将其分配在近期的日程清单里，一般来讲，一周或一个月就可以完成一项任务。只要不能归类到长期项目里的工作，都可以放入这个分类。

3. 活动

看到这里你也就理解了，我的一级分支分类方式，是按照事项大小排列的。项目的范围最广、时间最长，任务其次，而活动范围最具体、耗费的时间最短。一般来讲，活动是一次性的、可以在1～2天之内就完成的工作。大部分活动都有时间限制，所以让我们不得不归类到系统里，比如"×年×月×日拜访×××"等。活动写在每日计划当中就可以完成。

通过这三个分类，我们可以完成横向的组织行动管理。因为它们已经相互独立、完全地囊括了所有规模的事情，确保可以毫无遗漏。接下来就是纵向地对每一项工作进行剖析，方便我们快速行动。

4. 执行

在每一个一级分支下，分别列举了自己所整理出的项目、任务和活动，接下来就是具体的执行工作了。

活动相对更容易执行，因为它们耗时短、规模小，但对任务、项目这种完成周期比较长的工作，我们在执行之前如果不进行思考分析，很难找到具体实践的切入点。

所以这就是纵向的组织行动管理——对每一个二级分支进行具体的思路分析。

108

围绕着这些重要的事项，发散你的思维，在当前条件下写下你的想法。你可以按照不同的逻辑顺序思考，如具体环节、处理顺序、时间点安排等，按照这些顺序规则分析你的项目或任务。

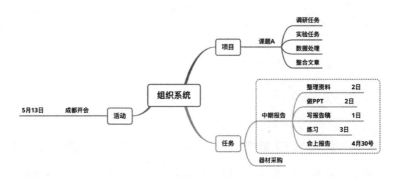

图 3-3

分析结束之后，我们往往就能得出执行的方案来。通过"GTD系统"的帮助，你可以更好地组织自己需要做的事，创建出一套属于你的结构流程，更加高效地解决工作中的挑战和问题。更重要的是，建立了某种思考的逻辑性，这对我们的实操来说是很有指导意义的。

按照逻辑层次去思考

如果让我去定义思维导图的重要性，我认为它是一把利器，但利器本身是不会思考的，所以真正能体现导图价值的，是我们的思维逻辑本身。

很多人说自己读了很多关于思维导图的书，最大的一个感受是——绘制思维导图入门很容易，掌握它的技巧也并不难，但不知道为什么，一旦自己使用起来，就总觉得跟书上写的不一样。这是因为你只学会了书中教给你的技巧，却没有学会那些使用导图的人的思维方式。当你对技巧有所了解之后，阅读我们这本书，我更希望你能在使用导图的过程中，建立自己独特的思维方式，这才能够发挥这一利器最大的作用。

比如当我们去思考自己的定位、人生，又或者思考某个处境时，仅仅使用思维导图，想到什么就写什么，或许能给你一些启发，但一定比不上有方法指导的情况下你的思考深度。

而我们要介绍的这个思考方法就是"逻辑层次"。

　　生活中我们所做的每一件事、每个选择，都是有动因的。我相信没有人会无缘无故去选择什么，一定是出于某种目的或自己内心也不清楚的动机，才会去选择当下的路。当我们选择工作的时候，物质上的最基本需求就是为了钱，为了养家糊口；稍高一点的精神追求是为了实现自己的事业追求，在社会上拥有一定的影响力和个人价值；再高一些，可以说是为了社会的某个群体服务，或者为了某个行业的发展奉献。总而言之，不管是出于哪一个需求，哪怕仅仅是为了打发空闲时间，你都有自己的工作目的。

　　对生活中的每一件事，我们都想赋予它人生意义。但有些时候，自己的一些行为正是因为没有时间去思考，或者说来不及去思考，而无法获知其原因。那时候我们就会感到迷茫，每天都在忙碌，但并不知道在忙什么，好像生活过得很充实，却不知道自己做的这些到底是不是对的。那时候我们的选择常常会出错，因为失去了对行为目标的认识，就经常怀揣着某一个需求，却做出不符合它要求的行为，明明出自这个动机，却偏偏选择了一种效率极低的转化方法，最终在微不足道的事情上浪费时间。

　　这种时候我们需要建立更深层的"逻辑层次"，找出那些对自己的人生意义更大的事。如果你能把尽量多的时间放在有意义的事情上，去做那些能够高效转化的事，自己的努力就算没有白费。

　　这就是"逻辑层次"思维法则。如果说思维导图是一种工具，那这些思维法则也是一种工具，只不过一个武装内部，一个武装外部，只有将二者结合起来，才能真正实现强强联合。

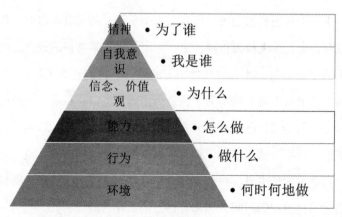

图 3-4

"逻辑层次"的概念是由一位美国专家罗伯特·迪尔茨最先提出的，他认为，人在审视自我的时候，思维逻辑分为六个层次。站在不同层次上思考自我的人，对自己的行为认识截然不同，这也影响了他们在人生道路上所做的每一个选择，最终导致不同的结果。

一般来说，一个更有远见卓识、能做出长远意义上令自己满意的选择的人，对自我的认识往往层次更高。高级别的逻辑层次，在一定意义上影响着低级别的层次，而我们所要做的就是尽量深入发掘自我，理解自己在更高级别层次上的需求。

下面就是我们在思维导图上构建的逻辑层次架构，通过不同层级的思考，可以帮助我们更加深入地做出选择和判断，加深对自己的认识。

尤其是在工作中，盲目忙碌并不可取，有效工作必然是有高层次的逻辑指引，才能让我们长期拥有目标。

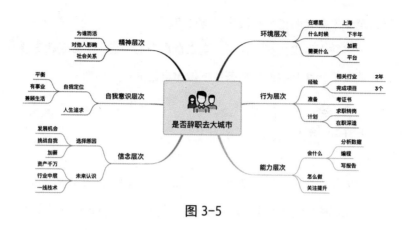

图 3-5

1. 环境层次

当我们在环境层次上思考时，对自我的判断会顾及所处的环境。在环境层次影响下，决定了我们的一些行为在何时何地才能做。比如，在上班时间我们很难堂而皇之地去做与工作无关的事，这是因为我们所处的环境决定了我们应该做什么，而某些行为在此时此地就显得不那么合适。

2. 行为层次

底层的环境层次会影响我们在行为层次上的选择和思考。大多数情况下，我们采取的行动和反应都是依照对环境的分析来进行的。当你判断出上班时间不应该偷懒的时候，行为上就会约束自

己，至少不会光明正大地做偷懒这件事。

大多数人做出抉择，并不完全来自自身的考虑，更多是由于受到环境所限，在有限的环境条件下做出自己的行为判断。

3．能力层次

能力层次决定了我们能做什么。如果说行为层次决定你"做什么"，能不能做得到就要看能力层次。基于能力层次的思考是行动力的基础，如果你不能给自己一个具体的行动指导或策略，就会很容易在行动的时候缺失目标感，在无谓的事情上浪费时间。

从能力层次开始，我们就开始思考一些行为表象之下更深刻的因素了。如果你对自己的认识还只停留在行为，不知道自己能做什么、怎么做、为什么做，就算生活过得很忙碌也不会感觉充实、踏实，因为我们始终缺乏目标感。

4.信念与价值观层次

在信念与价值观的层次，我们开始思索自己为什么要做一些事情。每一件事的选择和执行都是从主观认识上出发的，你一定是赞同什么、反对什么之后，才会选择做出相应的行为。关于这个因素的思考，解答了我们"为什么去做"的问题。当你知道为什么去做一件事的时候，在目标的指引下可以做出更加高效的选择，不至于出现缘木求鱼的问题。

5. 自我意识层次

自我意识层次回答了"我是谁"的问题，我们的信念和价值观也是出自对自我的认识，认识自己是我们从生到死都必须修炼的课程，而且在人生成长过程中，也在不断调整和改变。

只有知道自己是谁，确认了自己的身份，我们才知道自己的价值追求应该是怎样的。回答了"我是谁"的问题之后，一个人才能确立长久的人生目标，才能始终做出符合自身定位和需求的事情。

有些富有的人，在功成名就之后，选择用自己的方式回馈社会，就是因为他们在自我认识层次领会到了自己的社会责任感。或者说，他们是选择从更高层次进行思考，也就是精神层次。

6. 精神层次

一些无私的人往往做出一些普通人难以理解的行为，正是因为我们之间的思考层次是不一样的。当我们还在为物质需求而奔走的时候，从精神层次出发去思索的人，却更多地关注自己精神领域上的需求。

在这一领域上思考时，我们要分析自己的举动到底是"为了谁"。比如，一对普通的父母在为了自己的孩子而拼命工作，他们

的行为除了满足自己的个人追求和身份需求之外，还有精神上的
"作为父母"的需求。一个个体为家庭的奉献，多数是出于责任和
爱，是出于精神上的需要。

推广到社会上，一个人愿意为素未谋面的人无私奉献，愿意为
了让更多的人感到快乐而付出自己的劳动，这就是基于精神领域上
的思考。

当我们通过思维导图，在这几个层次进行分析，就能逐步拆
解自己的行为，知道哪些事是值得做的，哪些事是不符合我们目
标的。

人的时间有限，但我们对时间的利用无限，少做不符合自己需
求的事情，需要我们从行为之下的更深层次去思考。

减负理论下的思维导图

一个能够高效工作、高效产出的人，绝对不会以"工作越多越好"这样的想法来指引自己，相反，他们一定是一个很会为自己减负的人。

所以在绘制思维导图的时候，我主张在导图中使用"减负理论"，去掉一系列你认为不需要的细枝末节，去掉所有你认为不需要自己亲自去做的流程，以"尽可能少"的思维去做事，反而更容易实现高效。

我的一位前辈，前不久升职为分公司总经理。尽管他们的分公司规模并不大，手底下只有二三十个项目组，但从项目经理升职为总经理，依然意味着职场上的大跨越。可对前辈而言，升职加薪给他带来的除了惊喜，还有重大的责任，责任背后则对标着数不清的工作。

前辈在管理小组的时候以亲和著称，几乎是有求必应，做事又很谨慎，所以对所带的项目组方方面面几乎事必躬亲。他从来不摆领导架子，对手底下的员工和上面的领导态度都很热情，有事吩咐

或有事请求，他都会尽可能地提供帮助。在这家外资企业里，前辈用自己的言行获取了大家的信任，从他手底下工作的人都感受到了被尊重的感觉，而他的上司总是对他很放心。

但成为总经理之后，前辈一时之间还没有转变自己的这种思维，仍然采取这种方式来管理。分公司的事物看起来不多，但也有很多琐碎的事，前不久他们又面临了搬家的问题。

在新办公楼里，为了一次安全检查或者电路铺排，后勤组长都能专门去前辈的办公室汇报半天。前辈觉得，一方面是人家有汇报需求，做领导的不应拒之门外；另一方面，作为总经理要负所有责任，就一定要亲眼看看、听听才放心。

"实在是太累了，每天的事情都做不完。"前辈最后在电话中疲惫地说。

的确，有多大的荣誉就承担多大的责任，坐在总经理的位置上，小心一些总是没错的。但人一天只有24个小时，领导者的位置注定让他们要处理比其他人更多的信息，但是仅仅提高自己处理工作的速率，压榨自己的休息时间，就算是真正的高效了吗？其实不然，在工作变多的时候，我们更应该思考怎样减少自己手中的工作，保障承担同样多的责任，得到一样的管理效果。这种高效法则是比单纯提高自己的工作速度更有价值的。

我常常用思维导图来分析自己要做的事情，一个最常见的主题就是为当下减负。为此我总结出了一个"减负理论"，希望能像学生清空自己的书包一样，清空自己背上的负担。

通过下面这张典型的减负思维导图，我可以给大家分享一下我的思路：

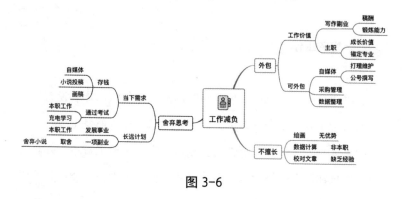

图 3-6

1. 舍弃的工作

在"舍弃的工作"这一分支下面，我会分析一下自己当下的需求和长远的目标。

有些工作对于长远的目标实施虽然没有什么太大帮助，但这类型工作还是应该保留，而且要尽快完成，避免自己长期牵挂，也避免因为时间周期太久而错失良机；还有一些工作，在当前来看没有什么直接的回报，但可以帮助我们实现长远目标，也应该将它们尽可能地保留。

我赞成"在赚到面包的同时追求理想"，我们不能为了理想让自己当下走投无路，那就失去了长期坚持的动力，但也不能沉溺于当下一时之利，忘记了自己原本的长远目标，变成目光短浅之徒。

所以在这两者之间一定要做好权衡，尽量不要舍弃这两方面的工作。如果与它们无关，再进行取舍。

2.外包的工作

这里要分析一下自己在单位时间内的工作价值。你有没有衡量过自己每个小时的工资是多少，或者说你的工作价值是多少？

如果你有副业的话，请将自己相对稳定的副业工资也一并算入当中；如果你还在进修学习，请估量一下你当下学习所能得到的资源，在将来大约能转换出什么价值。

工作价值不仅仅是指我们的到手工资，最主要的是你对自己时间的价值判断。当我们对自己的时间价值有了明确的判断时，就知道哪些事情是值得做的，哪些事情是低于这一价值可以拜托给别人做的。

有个老段子说，比尔·盖茨掉到地上100美元也不会低头捡，因为他只要弯一下腰的时间，就价值1000美元。这看起来很好笑，可是换到我们自己身上，如果你看到地上有一分钱，你会产生捡起它的欲望吗？在当下这个物价认知里，很多人都不愿再为一分钱弯一下腰。

这就是一个典型的对自己行为和价值的判断——我们认为一分钱不值得自己去捡。

你的时间也是可以用金钱来衡量的，有时候你对自己时间的认识太过模糊，就可能将许多精力耗费在不必要的事情上。

我在读书的时候，比较大的研究组都会雇用一个小助理或秘书，专门负责报销单据的事情。小助理的工资往往是由研究组的老师自掏经费雇用，在这种情况下，为什么老师们还愿意拿出自己珍贵的经费多雇一个人做这些简单的工作？明明自己或者学生就可以完成了。

正是因为在这些老师眼里，雇用助理的投入，远远小于自己花时间去整理，或让学生放下手中工作来花时间整理。短期来看，他们是多雇了一个人，每年要花几万块钱，但长期来看，其他人省下时间所做出的成果，带来的回报远远高于这些投资。

外包理念就是这样，短期来看你好像舍弃了一部分利润，但你可以花时间去做那些价值更高的事情，从长期角度上讲是更有利的。

3. 不擅长的工作

每个人都有自己擅长的方面，也有不擅长的方面。对一个物理学系的学生来说，如果要让他丢掉自己书包当中的资料，他肯定会先把自己的经济学读物丢掉。

因为那是他并不擅长的专业，在有时间的时候可以学习和提升自己，用于开阔眼界，但到了和专业资料二选一的时候，他肯定会把自己最不擅长也不需要的东西丢掉。

在职场上也是这样，决定你能留在某个岗位的是你的优势，而

不是你的劣势，是你特别擅长某一项而不是你会很多东西。什么都会什么都懂，或许是一项加分项，但在需要提升效率精简工作的时候，你也一定要懂得舍掉那些只是略懂的事情。

让专业的人去做专业的事，这个话题从来都不会过时。

我曾经培养了多年的绘画特长，在这方面也做得还不错。这种认识让我认为自己可以胜任这方面的工作，事实上，我也将那些插画约稿完成了，但花费的时间是熟练专业人士的两倍。

跟熟能生巧、每天练习的从业者来说，我在这方面或许能够打一个及格分，但并不是多么优秀，它不是我的优势。相反，在插画上花费的时间和获取的回报远远小于我的单位时间价值。所以对那些并不擅长的工作，可以作为自己的爱好来发展，但在工作领域还是先委托给其他专业人士来负责比较好。

通过这三个方面的思考，我会丢掉自己"背包"里大部分可以转交给别人的工作，舍弃自己不需要完成的任务，以更加专注的态度和饱满的精力去面对自己手中真正要做的事，把优势发挥到最大。

这就是真正的轻松而高效。

替换理论的思考

　　我喜欢用思维导图来记录自己的生活，更喜欢用思维导图来做日程安排。我一直将其总结为一种非常奇怪的仪式感，好像如果不把日程写下来，执行起来时就会变得更加困难；但一旦绘制成了思维导图，就仿佛许下了什么诺言一样，很想将上面的安排全部一一达成。

　　而很多时候，用导图的方法整理自己的工作，整理自己的思想，对我来说也是一种放松的过程。因为我非常喜欢绘画，但繁忙的工作让我很难在这方面有长足的发展，而以导图的形式去呈现枯燥的文字，能在带来秩序感的同时，也带来足够的美感，这让我在做导图时更有动力，进而在工作时也更有动力了。

　　后来我开始思考，绘制导图这种看起来有些"形式化"的行为，或许就是替换理论在我身上的一种体现。对很难进行自我约束，经常无法按照预期来安排工作的人来说，借由导图这样一个载体，能帮我们打消一些行动时的压力感和抗拒，也能起到一种变相

监督的作用。

其实每个人都抗拒改变。舒适圈本质上就是一个我们已经习惯了的状态，打破舒适圈意味着自己又要与新的生活方式磨合，在磨合过程中必然遇到不尽如人意的地方，也必然会打破我们在某些方面的需求。

一旦有了这样的潜意识，我们就很难去改变自己的习惯。懒惰是如此，无序的生活状态也是如此，哪怕是你痛恨的坏习惯，只要已经形成了，你的身体和精神都会抗拒破坏现有的规则。

对于这类人来说，一个折中的办法非常重要。一些替代性产品可以帮助我们缓解改变习惯时的焦虑，也模糊那种走出舒适圈的痛苦。举个非常普遍的例子吧，很多人在戒烟之路上都非常痛苦，他们会选择用嚼口香糖的方式来替代自己在味觉上的缺失，因为烟瘾犯了的时候，嘴里总觉得没有味道，缺一点什么，而嚼口香糖、吃零食，可以作为一种折中的方式满足一部分需求，这就能减缓戒烟的痛苦。尽管本质上能不能戒掉香烟，还是要看你的意志力和决心，但"替换理论"的出现帮我们给意志力打了气，让挑战看起来不那么艰难，也让自己的身体可以在缓慢改变的过程中逐渐适应新的环境。

从这个角度上讲，用思维导图来记录自己的日常、安排工作，以及通过思维导图的方式辅助自己进行更加复杂的思考，都可以作为自己提升思维力、加强生活秩序感的改变过程中的一个折中办法。是介乎于工作和娱乐放松之间的替换品，既能帮助我们满足自己想要娱乐休憩的需求，也能让我们逐步适应和建立高效的生活状态。

导图是一个模糊界限感的效能工具。相信在你们心里，对思维导图的印象绝不是刻板复杂的，跟那些冷冰冰的报表、信息量巨大的论文比起来，导图不管是从色彩的丰富度、趣味度，还是信息的简洁度来说，呈现方式都能令我们感觉更加舒适。

这是因为思维导图原理本就是调动左右脑共同思考、让大脑更快接受，相当于是为我们量身定做、"投其所好"的工具，因此大家的抗拒感就不会很强。它不仅能用于工作，生活日常、采购清单、周末旅行安排、对美好瞬间的感悟记录等，都可以以思维导图的形式呈现。

这就让导图模糊了界限感，我们不一定只在工作场景下使用导图，让你对它的观感更轻松，更易于接受。

导图满足了人们的审美需求和自由发挥的天性。如果说多数时候工作都是在限制我们的自由天性，那么导图不仅在绘制过程中满足了一个人的审美需求，还可以极大激发我们的自由度，你甚至可以毫无边界地去联想，这是一个完全无束缚的状态。

为什么我会选择在一天的早上用思维导图来写下自己的日程呢？很快投入到工作状态中，对我们来说是很有挑战性的，但先用导图来梳理一天的工作，就是一个折中替代的选项。在这个过程中，你满足了自己对娱乐的需求，也满足了工作的需求，通过不断思考和沉淀情绪，在接下来就可以更快地融入工作状态。

导图可以培养自己的输出习惯和思维习惯。之前我们说过，人们抗拒自己的习惯被打破，坏的习惯因此难以改变，但也意味着一旦形成了好习惯，就可以长期持续下去，给我们带来良性影响。

"替换理论"是针对习惯养成过程的一个理念，如果我们用思维导图来培养自己的良好习惯，除了能建立积极的生活态度、良好的时间安排能力之外，你借由导图所建立的思维逻辑方式也会逐渐形成习惯，让你在接下来的工作中，即便脱离了导图，一样可以用这种深度思考、条理分析的模式去剖析所遇到的问题。这种培养出的附加思考习惯将影响我们一生，在每一个大事小情里体现它的力量。

所以对待那些难以改变的坏习惯，或者对我而言有些挑战性的事，为了避免自己畏缩不前，无法立即行动，我都会选择用思维导图的方式来记录。把自己的每一步、每一个改变和每一天的安排都记录下来，在记录中不断深入思考，在记录中获取自己的成就感，能让我更长久地坚持下来。

我想这么久下来，记录思维导图已经变成了我的另一个娱乐方式，取代了一些毫无营养的娱乐，也能给我带来精神上的快乐，这大概是"替代理论"最强大之处。

Part 4

思维碰撞的
新模式

思维导图除了可以演绎内容，更可以激发我们的创新思维。让导图成

为大脑的一个刺激点，通过它来梳理脉络，让我们的思维网络更加清晰，

创新也就变得有迹可循。记住，你的笔记就是你的第二个大脑，你的思维

导图就是"脑图"，让它也思考起来，你的效率才会更高。

思维导图推动创新思维

从思维的角度上讲，导图可以帮助我们实现创新。

因为思维导图这种形式相对于一般的笔记和文字来说，更贴合大脑的思考习惯。其中最重要的一点，就是从一个中心关键词开始辐射的思维导图，可以加强我们的联想能力。

思维导图的精髓就是让我们可以自由联想和发散思维。它的优势与大脑对信息的处理模式息息相关。

我们先来看看大脑这个机器平时到底怎样在运作：

接收—保持—分析—输出—控制。

这是一套对信息的处理流程。大脑的任何感受器官都可以接收到来自外界的信息，然后，这些传达到体内的信息被储存在大脑里，也就达成了"保持"的目的。

但我们决定思考这些信息时，大脑就会提取出记忆来进行分析，这就像机器在进行信息处理。

信息处理的结果会被输出在外，这是思维的产物，但这种输出

可能是在行动上落实，任何的创造性行为都可以算作输出。

与此同时，大脑还在控制着我们的身体，甚至包括你的思维习惯，都在它的监控之中。

在当下，我们在工作生活中接触到大量信息，大脑的接收和保持功能已经发挥到极致，大量信息需要经过分析之后输出。

我相信大多数人在记忆保持信息的环节上不会出现太大问题，却有许多人抱怨自己没有创造力，或者无法输出有高附加值的工作，甚至长此以往，也觉得自己的记忆力在下降，到底是什么出了问题？也许正是我们接收信息的方式还没有更新，分析方式也不够高效，限制了大脑这个超级机器的性能发挥，强行将它束缚在一个低效的处理模式上。

要知道，大脑思考信息的方式不是简单线性的。书本所呈现的信息十分规范，所有内容以文字的形式从左到右按行输出，强迫我们也按照这样的规律去阅读和接收信息，但这并不符合大脑思维习惯。

大脑的联想能力十分发达，当我们看到一个关键词汇时，会瞬间触发许多想法和可能性，这些所处发的信息未必彼此之间都有关联，它们是围绕着中心词呈放射状出现的。

大脑十分擅长这种多维度思考，它在每时每刻都在联想，它的触角可以伸向多个方向。

此时，通过思维导图的模式将大脑的思考过程完全呈现在纸上，不仅能锻炼我们的联想发散能力，也完全符合大脑的思索习惯，还能在相同的时间里展现更多信息。

它的哪些特色能够点燃我们的创新引擎？

1. 推动水平思维法

曾经有人说，他要把车的一面漆成白色，另一面漆成黑色。

他的朋友问他为什么。

这个男人幽默地表示，这样在任何时候，只要他发生了车祸，目击者在法庭上都会因为车的颜色而辩论争吵。

这背后隐喻着一个十分常见的道理——人的认识是有限的，我们站在自己的角度看到的，也许并非全貌。

中国在更早的时候就有了类似的概念，"盲人摸象"正是说这种情况。想要一窥全貌，我们就要在深挖这个角度之前，先站在其他角度上了解一下这件事。这就是水平思考。不管我们提到什么换位思考、逆向思考、侧向思考等概念，都可以归结到水平思考的体系当中，就是我们在逻辑上深挖一件事之前，先在同一水平的认知层面，以不同的角度和理解方式去分析这个问题。

相对于逻辑化的垂直思考，水平思考强调我们看问题的广度。这在某种程度上可以打破我们之前的不客观认识，为自己提出一个新的切入点，进而产生创造性想法，因此也被称为创造性思考。

水平思考的方式，在思维导图上可以得到更好体现。因为任何一件事在写出来以导图脉络分析的时候，一个分支的延伸就已经暗

合了垂直思考的逻辑分析要求，而同一层次的不同分支，则展现了
在不同方面的可能性。

我们要尽量符合"MECE原则"建立分支，每一个分支的观念
都是相互独立的，而思维导图则可以将我们的各种想法尽可能全面
地呈现出来，这种发射状的思考在某些意义上是无束缚的，更容易
激发我们的逆向、换位思考能力。

2. 建立逻辑思维

思维导图的构架本来就在一定的逻辑支撑下延伸，前面我们在
介绍思维导图绘制的时候，也更多强调效能法则和逻辑思维框架，
这能帮我们建立更清晰的分析方式，对这个世界的理解更有逻辑性。

任何不合逻辑的思维，在大脑中逐渐形成的时候，或许你感觉
不到哪里不对，但当写在纸上、呈现在导图上时，很容易发现其中
的问题。写下导图的过程，也是检验自己逻辑思维能力的过程，符
合逻辑的推导方式能令我们的思考更加严谨，也能让我们在思索过
程中不断发现以往未知的东西。

3. 激发全脑逻辑

人脑存在着结构上的差异，左脑与右脑皮层负责的区域并不相
同。左脑更擅长理性思考，往往负责处理语言逻辑或分析推理等方

面的信息，右脑则擅长感性思考，负责在艺术感知或情感想象方面的思维。

有些人的思维偏左脑，而有些人偏右脑，这注定我们以不同的思维方式去看待问题。而思维导图的存在，将理性的信息与感性的呈现方式结合在一起，极大程度上调动了左右两侧大脑，除了能提升我们的认知效率之外，也可以激发全脑思考，在左右脑都很活跃的情况下去分析问题，一定可以更好地兼顾逻辑理性和想象创造。

基于上面几点，我认为从一个主题开始联想的思维导图，可以很好地推进我们的创新思维，是非常有帮助的思考工具。

六项"思考帽"，思维更全面

前一段时间，我表达了一些对某位艺人感情观的不赞成评论，也评价了一下对方在事业上的用心。从我的角度讲，这是两个完全可以分开来看的问题，一个人事业有成并不代表他就是一个好丈夫或好父亲，一个人的感情观有很大问题也不代表他不能在事业上有所成就。

我的小侄女诧异地说："那姑姑你是讨厌他还是喜欢他呢？"

我哭笑不得，在一些孩子乃至成年人的眼里，人的存在是可以非黑即白的。看到某些人好的地方，就天真地以为对方是一个在任何方面都值得赞颂的人，看到某些人坏的地方，就觉得对方做什么都应该被否定。

这个世界并不是非黑即白，人性非常复杂，我们不能因为看到某方面就全盘赞同，也不能因为看到某方面就全盘否定。这种"黑白思维"，恰好就阻碍我们水平化思考，进而阻碍我们去看清这个世界的真相。

一个人想要突破局限去创新，就一定要有纵览全局统一思考的本事。你看到的东西越多，思考的方面越广，大脑越会碰撞出与其他人不一样的点子来。

我们在前面介绍了水平思维，可能很多人并不清楚怎样在思维导图中运用它，实际上，你可以下意识地训练自己的水平思维，比如运用"六项思考帽"的方式来画你的思维导图。

接下来我们就一起来看看这个过程，运用六项思考帽的模式可以怎样评价一件事，进而帮助自己产生以前从未有过的认识。

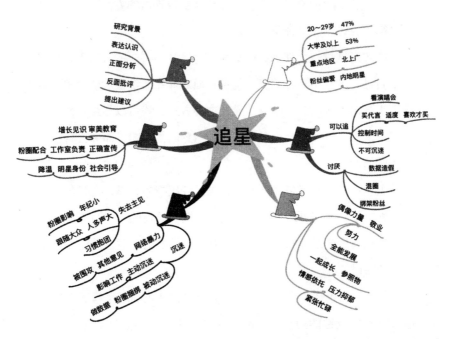

图 4-1

白色：白色的思考帽代表客观中立，在这个一级分支之下，我们只需要写下客观证明的数据，或是客观表述的事实，尽量不掺杂任何个人感情。

红色：红色给我们一种情绪很激烈的感觉，所以在红色的思考帽分支之下，我可以完全主观地表达自己的情绪，甚至可以做一些不负责任的预感或分析，把情感因素交织的信息全部写在这个分支。

黄色：黄色的思考帽能让人联想到太阳，象征着被肯定和积极的一面。在这个分支之下，我们主要从积极正面的方面去思考一件事，写下自己乐观的评价和肯定的认识。

我曾经做过一个训练，面对那些自己并不喜欢的人或事，会强行令自己至少找出对方的三个优点；面对那些非常喜欢的对象，也会至少找出对方的三个缺点。通过这种方式，我可以尽量全面地去认识一个人或事，不会出现被狂热的情感因素影响，而失去自己思考问题的能力。

黑色：黑色向来是个让人看起来比较压抑的色彩，在黑色的思考分支之下，我们可以将自己否定、消极、质疑的看法写下来。但这不是充满情绪色彩的发泄，是在有理有据的前提下，进行的一种思考和探讨。

绿色：绿色代表生机和创造力，所以在绿色的思考帽下，我会把自己有建设性的想法、突破前人的看法或主流意见的想法写下来，多运用逆向思维等方式解读，把自己全新的看法展露在其中。

蓝色：蓝色思考帽的存在，往往起到规划管理流程的作用，最终得出的结论也写在蓝色分支之下。蓝色思考帽也决定了在不同场景之下，分支排布的顺序。思维分支的前后排布决定了我们的思维方式，适用的场景也是不一样的。

比如当大家提出一个策划案要进行思考的时候，首先选择在白色分支下，陈述该策划问题的背景、数据，如果你选择了绿色分支作为第二个步骤，接下来就要提出你的创造性方案。那么黄色和黑色的分支则是分别对该方案的优缺点评价，红色是自己情感上的直觉判断，最终再归类到蓝色思考帽里得出结论。

这种排列方式又与我所选择的不同，这是因为我们应对的问题并不一样。

六项思考帽的导图分支顺序，需要我们在实际应用当中自行体会，仅仅通过学习别人的使用方法很难掌握到其真正的精髓。可以说，思考帽的存在就是我们思维逻辑的一种体现，有些人虽然并不知道思考帽的概念，但已经在用这种逻辑方式分析问题了。在这种情况下，认识六项思考帽只会让他的思维逻辑更加清晰，也就是知其然，又知其所以然。

蓝色的思考帽应该时刻掌控大局，我们的思考顺序要在一开始就有所安排，这样才能帮助自己在最大程度上有一个全面的认识，得到想要的结果。除了在分析某些事件、行为的时候，我会运用六项思考帽来绘制思维导图，在一些需要全面考虑的工作上，也会用到它们。

很多时候我们难以避免地会用主观想法去判断一些工作，比如，我特别满意自己的某项工作，觉得完成度很高，真的用六项思考帽去分析过之后，发现自己之前从未考虑过的负面问题居然还挺多，而绿色的分支里，能想到的创新点子也有不少。这就意味着我还有可以改进的空间，但之前因为自己完全沉浸在自我满足的陷阱里面，又没能得到外界的信息提示，就变相束缚了自己在这方面的思考。

这种不知不觉产生的偏见很难预防，导致我们喜欢一个人的时候便满心满眼都是对方的好处，讨厌某件事的时候便觉得怎么选都不对。但真正能理性地跳出来看，从更广阔的角度去分析这人或事，你就会发现一些自己之前遗漏的信息。

六项思考帽的思维导图，并不是因为我们完全不能从这些角度去思考，才起到了帮助作用，大多数人在理性思考的时候，多少都能想到这些。但我们的思考缺乏系统性，很多时候还容易受到感性困扰，时不时就会"掉链子"。

在这种思维混乱的时刻需要利用六项思考帽来强行梳理，提示我们还有这些角度可以思考。我认为这就是它有帮助的作用之一。

从痛点出发的创新思维导图

很多人在思考用思维导图创新的时候，最大的问题不是不知道自己该怎么联想，在导图模式下，任何时候我们都可以围绕着一个词语开始自由联想，把想到的其他关键词都写下来就可以了。

没有任何局限，也没有任何附加条件，看起来非常容易入门，谁拿来都可以用，大多数人都不会感觉有困难。真正感到困难的，恰恰是不知道怎样找到一个还算创新的点。对思维导图主题的发掘，反而成为我们在下笔之前最大的问题。

什么样的主题是值得我们去思考并创新的？就是你在生活和工作当中遇到了问题，必须要改变的时候，那个戳痛你的点。我称之为"痛点"。

在产品设计中，"痛点思维"非常普遍。每个人都想抓住用户的真正需求，知道用户渴求改变什么、痛恨什么。

购物车的发明就是根据痛点思维的设计典型。在那个还没有购物车的年代，西方的家庭主妇们往往要提着沉重的篮子，采购一家人的生活用品，这给她们带来了极大的挑战。当自己的力气不够的

时候，主妇们就会选择少买几样东西，这样可以解放自己的双臂。"想要省力气地购物"成为家庭主妇们的需求，购物太费力气是让她们想起来就痛恨的点，而一家超市经理就这样恰到好处地推出了购物车，瞬间实现了销量倍增的成功案例。

购物车理念就是教导我们抓住人的痛点需求，从这个角度上进行的创新，在某种程度上改变了我们的需求。而当下，那些显而易见的痛点要么很难被捕捉，要么很难被解决，因此它们才会被始终遗留。针对前者，我们可以绘制一个捕捉痛点的思维导图，围绕着一个主题去思考哪些是你感觉不快的痛点；针对后者，我们可以将痛点作为主题，不断发散思维，自由地联想，或许就能找到一个别人没有发现的切入点，找寻到解决的可能。

下面，我会以"寻找痛点"作为练习，思考我自己在生活中的痛点，并通过不断联想和思考，找寻这些痛点的解决办法。

1.写下一个核心主题，然后完全自由地听从自己的大脑，将第一时间联想到的词汇全部写在主题周围作为一级分支，再分别按照一级分支各自进行发散，逐步补充二级、三级等分支。

图 4-2

2.可以看到，我在第一时间联想到的痛点，有的与生活有关、有的与工作有关。因为这是一个完全自由的联想思维导图，我们只需要诚实地写下自己的想法就可以，不是一个对某些主题进行逻辑剖析的导图，所以可以摒弃一些逻辑上的负担，让自己的大脑处于完全自由的状态。

图 4-3

3.针对某一个分支，以一级分支为中心，进行第二次自由联想。比如在"做家务"这个词汇下，我第一时间想到自己最痛恨的"洗碗"，还有做家务"没时间"等。为了鼓励自己可以完全自由地联想，以寻求更多可能，在联想型思维导图激发点子的时候，可以忽略某些逻辑型思维导图需要考虑的法则。你的唯一任务就是，尽可能多地把自己想到的信息写下来。

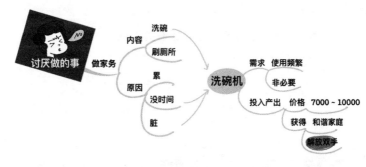

图 4-4

4. 在思考过程中，我们还可以将不同分支进行结合，把有关联的分支凑在一起共同思考。比如我的痛点是洗碗，自己又没有时间做家务活，那把这两个痛点结合在一起，似乎买一个洗碗机是不错的选项。只是洗碗机考验了我的财力，可能又与薪酬、存款、家庭需求等相关的"赚钱"联系在了一起。通过两个痛点之间的权衡，最终我会做出一个符合现状的抉择。

5. 最后，通过对多个痛点的分析，我选择了在第一时间满足自己买洗碗机解放双手的需求，而其他的痛点只能先暂时忍受，留待以后想出解决办法。

尽管我的分析只解决了当下的一个问题，但自从洗碗机到了家之后，给自己带来的快乐却是之前不能想象的，在这之前我从来都不知道，自己内心对解放双手的需求有这么强烈。

这让我意识到，在真正进行衡量对比之前，我们或许并不完全明白自己的需求和痛点到底是什么，当你连自己都理解不了的时候，又怎么能说自己一定掌握了职场当中与产品、企业、社会有关的其他痛点呢？

所以进行一次联想分析，还是很有必要的。

金字塔原理下的创作方式

当我在研究所工作的时候，尽管我们不像许多企业一样，对某些流程形式过分要求，却比企业更加注重如何讲好自己的观点、呈现好一个"故事"。

在企业里完成一个项目也好，在研究所完成一个课题也罢，本质上都是用自己的观点去说服别人，然后将观点付诸实践的过程。整个过程我们都少不了要去说服别人。

立项的时候要说服他人，要把你所做的工作有多重要展示给别人，用你缜密的逻辑和完善的资料让别人相信你，愿意给你机会和资金；结题的时候也要说服他人。项目要交给市场来验证，课题最终也会交给同行业的审稿人来评判，用更容易理解和接受的方式呈现给对方，我们的成果重要性也更容易被别人所理解。

所以跟踪一个课题，对我来说可以提升自己的综合能力。这考验我们的逻辑思维，考验我们能否发现别人无法发觉的问题，能否真正实现创新，且用自己的创新结果说服别人。

有些人并不是没有才华，他们擅长观察，思维敏捷，却性格木讷、不懂表达，所以常常在一些重要的场合错失机会，无法把自己手中重要的数据和有价值的工作展现给别人。当他们不能说服别人的时候，原本可以评满分的心血之作，也于无形中被打了折扣。

懂得创新的人其实比我们想象中要多得多，但能够把那些碎片化的创新点整合起来，以一种清晰有逻辑的方式向别人阐述，并说服别人的却很少。

有些人在思考的过程里可能会灵光一现，想到什么新想法，但想要整合起来，把这背后的一系列情况想清楚，又是一个很大的挑战。

不一定想得清楚、未必能说得明白，甚至说明白的过程也不一定能说服别人，这些都是阻碍我们去创造的，却与创造本身并无太大关系的因素。你会发现，逻辑能力看似与创造力毫无关联，最终却影响我们的思维创新。

如果能有一种更加清晰的框架来指导我们进行思索，有一种更简明的方式让我们将所说的话完整传达给别人，不管对思考还是对表达而言都是有益处的。

我很建议大家去了解一下"金字塔原理"，尤其是生活和工作当中需要不断创作的人。只要你需要说服别人，不管是以文字、图片还是视频等方式，本质上都是在与别人进行逻辑交流的过程。通过金字塔原理的安排，可以让我们把握受众心理，让对方快速接受、理解你要说的话。

而对自己来说，用金字塔原理去分析脑海中混乱的信息，能让我们自己更快提炼到关键点。尤其是在进行深入思考的时候，想到的信息越多，一旦缺乏逻辑，架构就越混乱，反而会给我们造成理解负担。

在金字塔原理的框架下，这些问题都可以得到解决。

"金字塔原理"是根据日常工作当中的总结和提炼得出的理论，当你真正去认识这一原理时，会发现它并没有带来什么惊世骇俗的新观点，只不过是一些你或许也曾想到过的技巧的总结。

但能将这种技巧总结成为一个体系，就让我们原本"说不清哪里好"的模糊想法，瞬间豁然开朗了起来，这本身便是梳理逻辑带来的结果。而整个金字塔原理，都在关注表达和思考的逻辑。

下面我们就用树状导图来分析一下，金字塔原理最典型的两种逻辑结构和四种组织顺序，在思维导图里可以如何体现出来。

1. 需要沟通的时候，采取自上而下的表达逻辑

当你要就某个主题跟别人沟通的时候，怎样才能把话说得清楚？

来看下面这段话：

"我今天没有带伞，因为刚才出门的时候是阴天，早上洗了衣服晾在阳台上，自行车停在楼下而不是车棚里。外面居然下雨了，真倒霉！"

当你没看到最后一句"下雨倒霉"的结论时，仅看前面的几个

句子，可能会觉得丈二和尚摸不着头脑，无法非常清晰地将这几个行为的关系联系在一起，也不清楚表达者的情绪和态度到底是怎样的。

这就是我们在表达沟通时候常出现的问题，总是忙于提供一些论据或表达自己的情绪，却忘记了先把自己的总结抛出来。

这导致前面的情绪和论据都显得毫无干系，在逻辑上比较松散，也不易让听众迅速找到主题。当没有逻辑去引领这些信息的时候，如果你抛出的论点又多又密，大脑既定的思维模式很难将它们都记下来，整句话就显得更混乱了。因此，金字塔原理下的思维方式，就是让我们在表达的时候，先把主题总结和归纳放在前面，让人们第一时间抓住重点。提出主题之后，在之下的每一个分支里分别进行解释，将主题分解开讲清楚。

如图所示：

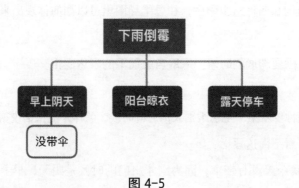

图 4-5

这样看是不是清晰很多了呢？这就是金字塔原理关于表达逻辑的一种建议：自上而下，结论先行。

2. 需要思考的时候，可以采取自下而上的思考逻辑

但我们需要思考，还不知道结论是怎样的时候，就可以先画一个这样的导图框架，把自己所能想到的层级内容先写下来，尽可能多地用你想到的信息去填满它。

在已有的信息上进行分析和总结，从下一层级里的信息，概括或总结出上一层级的内容，最终自下而上地归纳总结出你的主题。

这种方式有利于帮我们归纳总结一些看似很混乱的繁杂信息，通过自下而上的层层总结概括，原本松散的结构变得紧密起来，你可能会深挖出一些自己原本并不知道的联系，最终提炼总结出一个有深度的内核。

在思考的时候，要注意主题和分支主题之间的关系。上一层级的主题是子主题的总结或概括；同一层级的子主题之间，则按照四种常见的组织顺序并列排布。

演绎顺序：同一层级的子主题之间有因果关系，可以被视为演绎推理关系；同一层级的子主题之间有一定的共性，共同推导出上一层主题，可以视为归纳推理关系。

比如下图，就是一种演绎推理关系，由"雨天""没带伞"得出"所以被雨淋"，总结出主题"为什么被淋湿"的结论。这是由因果关系组成的一系列子主题。

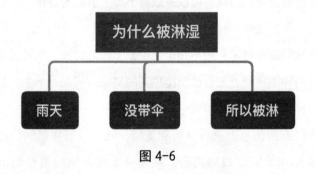

图 4-6

时间顺序：子主题之间有一定的先后顺序，有的是明确的时间，有的是不同的流程环节，还有的是"首先""其次""最后"这样的先后关系，都可以看作时间顺序。

结构顺序：结构顺序意味着子主题都是组成上一层主题的某一部分，且每一个部分之间，尽量符合"MECE原则"，也就是相互独立且完全穷尽。

重要性顺序：重要性顺序则按照重要程度来区分每一个子主题，比如"最重点""次重点""一般要点""附加材料"等。

不管是我们自行思考，还是和别人进行讨论沟通，在梳理和表达想法的时候，通过金字塔式的导图结构，都可以帮助你理清自己的思维，帮助我们更好地发现和总结自己的新点子。

思维风暴的创新能力

　　每个人的思维都有一定局限性，这是我们不得不承认的。因为我们所受的教育、成长环境、接触的信息都各有不同，无形中就会成为一种筛选机制，让我们只能思考或意识到这个世界的部分信息，很难在无界限的环境下进行思考。

　　这就是每个人心中的"霍布森之门"。霍布森选择是一个非常经典的案例。大约在16世纪的欧洲，英国有一个名叫霍布森的商人做马匹生意。他通过非常低廉的价格来招揽自己的生意，所有在他这里买马的人，都可以用低于市场价的价位随意挑选。

　　这简直是令人难以置信的。因为不同的马匹有不同的特征优劣，价格当然不会完全一样，但霍布森却率先推出了马匹市场当中的"自助"购物，只要有了入场券，所有的马随便挑。

　　世界上真的会有这么好的事情吗？就像自助餐只能在店里吃，不能打包一样，霍布森也附加了一个条件——所有挑选的马，高矮必须能够钻过圈门。

马场的圈门高度相对较低，但是好马都个头高大威猛，通过这一个附加条件，霍布森就几乎阻碍了别人牵走好马的可能性。尽管他没有明面上说不卖好马，但马圈规则的存在于无形中限制了所有人的选择。

在我们的思维世界里，也有这样的马圈规则，它在某种程度上筛选掉了一些可能，从个人的角度来讲完全无法想象到。但跟霍布森的规则相比，最大的差别是，我们意识不到自己脑海中的"圈门"。

在这种时候，想要增强自己的创新能力，最好的办法除了扩展你的眼界、打乱自己脑中的"圈门"之外，就是多跟别人交流。因为每个人思维世界里的规则都不一样，被忽略的那一段选择和可能性也不同。正因为大家的关注点不同，结合所有的想法之后，才更容易将所有漏洞都填补好。

团队化的沟通和人与人之间的交流，能让我们获得更多意外收获。如果说创新是基于发散思维碰撞出现的，那么多人之间的沟通，就是在进行思维世界的碰撞，这也是在利用发散思维。

相传白居易在写诗时，总是会请教许多人，哪怕是目不识丁的老妇人，他也会征询对方的意见。虽然这可能是一个为了体现白诗通俗易懂的传言，但在某种程度上也向我们展示了一种生活智慧，与不同的人就某个问题进行探讨，一定会得出你所想象不到的创新点子。

所以我常常跟团队里的其他人利用思维导图来进行思维碰撞。

从思维导图开展自己的联想，本来就特别适合发散思维和创新，如果能就一个共同的主题，多人一起创作的话，彼此之间还能互相补充新的想法，说不定就有一些不一样的启发。所以将导图用在合作思考当中，共同探讨和解决某些问题，不亚于一次思维风暴。

最开始，我们一般会确定自己要思考的主题。像这种创新型的合作会议，一定是为了解决某个问题或达成一个目标，那我们的会议主题就可以成为自己的思维导图主题。

在对该主题的背景和重要信息进行剖析之后，大家已经产生了自己的想法和认识，就根据这个主题，各自绘制自己的思维导图。这个过程是完全独立的，我们彼此之间不会交流，也不会让别人的想法来干扰自己，尽可能地在一个安静封闭的空间里心无旁骛地将自己的想法写出来。

这是第一阶段的"独立创新"过程，尽其所能地掏空我们脑海中的创新点子，真正实现不断联想和畅所欲言。

然后我们会把彼此绘制的思维导图展示给对方，如果有余力的话，一般会重新绘制一张新的、整合了所有人想法的导图。大家的一些想法往往是重叠的，挨个去查看总会耗费一些时间，通过整合，我们就可以清晰地看到不重复、不遗漏的整张导图。

针对不同的观点会进行特殊标记，帮助大家看到哪些想法是某个人提出的，哪些想法是大多数人都赞同的。

如果说第二阶段是"整合"的过程，第三个阶段就是"共同创新"的过程。当自己的思维导图和同事们的导图结合在一起，被不

断扩充丰富、呈现出更多的可能之后，我们必然会看到一些自己之前没想到、习惯性忽略的信息。然后针对这个信息，你一定会产生新的思考。

所以这个阶段大家会共同创新，通过讨论和补充，将彼此的想法填补得更加完整。甚至这个过程也少不了质疑，有些人的想法可能欠缺妥当，而其他人从另外的视角会想到为什么不能这样做，通过"创新，质疑，改进"的过程，就可以让原本并不成熟的想法快速落地，更有实践价值。

这样一套流程下来，最后一个阶段就是"总结"过程。在进行思维风暴的时候，很多信息都是不成熟的，所以整张导图的呈现方式也没有太强的结构性，为了让结论更清楚，我们就必须要通过总结的过程将信息结构化、系统化。

其实在工作中，思维导图不是一个非常成熟的数据工具。很多要写入报告的信息，还是会以更加简单、明了的图表形式呈现。但思维导图在创新和沟通阶段还是非常好用的，尤其是和团队成员共同绘制思维导图，能让我们用更高效的图文并茂的方式沟通和思考，碰撞出新的想法。

平衡人生的"三明治法"

曾经有段时间，我非常痴迷于探寻自己的"最高效率"。

比如，当我发现自己一个小时可以细读5页文献的时候，就常常用这个效率来衡量自己的工作。当我遇到了一天150多页的综述文章，正常情况下，我原本准备花两周时间将它全部消化掉。事实上，这也是有一定挑战的，因为这种级别的文章几乎相当于一本专业书籍，而且内容非常前沿深奥。

但有了前面的"效率认识"，我就下意识觉得自己可以提升速度。如果我一天读10个小时的文献，不是只需要三天就可以把它全部"拿下"了吗？

事实显然证明，三天是绝对不可能的。我分析了一下，在这三天里，我几乎将所有能集中精力的时间都用来读文献，这样做的后果就是我整体的工作效率反而大幅度下滑。不仅单位时间里读文献的效率下降了，从整体的效果来看，我一天完成的工作量甚至还不如之前。

这让我意识到一个问题，当你真的想以极高的效率完成某件事时，最好的办法不是一整天都在做这件事，而是有比例地穿插着完成好几件任务，反而做每件事的效率都会更高。

越是花一整天的时间去完成某个项目，抑或连着一周一个月都在为一件事投入，反而会让我们很容易陷入心情疲惫的状态。枯燥而缺乏变化的工作环境，会让人不自觉地降低专注度，尤其是当你牺牲了自己的其他需求，比如长期不能保障合适的睡眠、不能好好用餐等，情绪会更容易滑落，进而影响自己的工作。

所以想实现真正的高效，就一定要懂得把工作生活穿插着安排，同时尽可能地丰富自己的工作状态，不要8小时都围绕着同一件事。平衡自己的人生，就是要越精彩才越容易迸发激情。我们需要把时间合理地进行分配，直到调整到一种你觉得最舒适的状态，才能长期保持高效率。

在这种情况下，我会用思维导图来进行"三明治法"的平衡。

"思维导图三明治"是我认为比较形象的一种形容。我们一天的时间分配应该像三明治一样，三明治由很多层食物组成，而这些食物非常丰富，相对全面地囊括了人类所需的营养。我们的时间分配也应该这样，由很多活动组成，而这些活动相对全面地满足了我们生活当中的需求，这样就能很好地激发我们的工作热情。

三明治法里，最常选取的5个分支正是我们最需要平衡的5个需求：心灵、健康、情感、心智和财务。

仔细思考一下，人的欲望其实就是由这5种需求激发的，缺少

图 4-7

了任何一项，都会给我们带来痛苦。事业属于财务及心灵上的需求，有些人工作是为了赚钱，有些人是在赚钱之余还想实现一些人生理想，但我们会发现事业永远都不是全部。

所以当自己把所有的时间与精力全部投注在眼前的工作中时，情感、健康和心灵上的其他需求就得不到满足，如果自己仅仅关注于自身的健康和情感需求，缺乏了对心智的提升和关注，就容易做出一些不符合常理的行为。

想要拥有美满的人生，这5个方面的需求都应该得到平衡。通过思维导图对这5个方面进行"三明治"化的思考，就是将每个阶段的时间动态平衡分布到这些需求上，确保不会有哪一个需求枯

155

竭，且基本需要都能得到满足。

同时，每一个"三明治"都有自己的重点。当我们吃三明治的时候，切片面包的分量一般最重，但里面最经典的味道却可能来自各自喜好的火腿、鸡蛋、蔬菜等。而且每个人的口味都不一样，我们的三明治内容、各自比例也是不同的。

这就涉及一个概念——平衡并不等于平等，不是把所有的精力与时间一分为五，就能满足自己所有的需求。总有一个需求花费最多的时间，也有一个需求是你最精心关注的，这时候我们就得剖析自己的具体需要，按照自己的"口味"来定制分配。

列出这五个需求之后，只是处理完了一级分支。我们还要在各个一级分支之下补充它，围绕你当前的需求进行思考，把自己现在想做到的事都写下来。

在这种时候，你只需要想想有没有把这些念头写全就够了，不用去思考自己有没有精力同时做完这些事，因为答案一定是不可能的。但我们的取舍也必须在所有的选择都放在纸面上之后才进行，那时候才算真正公平的衡量和比较。

当我们将所有的需要都写在了纸上，在你心中一定有轻重缓急，也知道自己应该将重点时间放在哪些事情上。那我们就开始对每个分支下的目标进行取舍，并给这5个分支分配不同的时间和精力。这样思考、分析、目标之间的比较都出自我们自己，不必参考其他人的思维导图。

第三步，我会对5个需求进行重新排列，把当前花费精力较多的分支标记出来。尽管我们始终处于需求的动态平衡，不可能保障对所有需求公平对待，但从整个人生的角度讲，这5个需求都一样重要。

所以在当前，如果我牺牲了其他方面的需求，去着重满足某一两样，就必须要把这个结果标记出来。这样在以后再次分配的时候，我会有意识地偏重于其他方面的需求。

比如有段时间我会忙于工作，把更多的精力和时间放在自己的工作上。但这种状态不可能长期进行，过度倾斜于某个需求且长期如此，必然会给我们带来一些苦恼，影响生活的平衡。所以在接下来的一段时间里，我会寻找空闲的时机去学习提升以及放松休闲，让自己保持身体和心理上的健康，以及和家人之间的充分交流。

时间永远是有限的，所以我们一直在苦恼，要把有限的时间放在什么事情上最值得。这是我们一生都要思考的问题，因为在每个时间段，你的答案都不一样。我提出这个"三明治导图"来分析自己，就是想解决我所遇到的各方需求之间的竞争，以达到最完美的平衡，让我处于最舒适的状态。

在这种情况下，我想我的效率一定是最高的，生活也会变得更加愉快一些。

Part 5

结合思维导图，
解决针对性问题

针对性问题需要针对性解决，有了疑问就不要只动用自己的大脑，还要用一用你的"脑图"来解决。思维导图，本就是引导思维的记录法，在需要头脑风暴来解决问题的时候，利用你的思维导图来解放大脑，让它的效率变得更高。

缺乏敏锐度？思维导图先发散，后聚焦

有很多人说自己最苦恼的问题是不懂"透过现象看本质"，别说通过蛛丝马迹率先察觉某些动向，就算有些事情已经发生了，他们都不知道到底是怎么回事。

这种类型的人就是缺乏对信息的敏锐度。像我一个朋友就是这样，早些年她考大学的时候，"人工智能"这个方向在计算机领域刚刚声名鹊起，属于前景远大但难以预测的专业，虽然也有不少人关注，但远不如当时市场上好就业的几个方向吃香。

朋友在选择专业的时候，就没有怎么关注这个方向，仅仅是收集了一些当时就业率高、工资起薪高的专业。她在国外的伯父专门打电话回来，建议朋友可以选择人工智能等新兴专业，并认为以后会有比较大的发展。出于谨慎，朋友查找了一下这方面的资料。但因为都是一些专业论文、政策性新闻或企业战略规划新闻等内容，朋友觉得没有实质性的就业市场资料，就放弃了报名。

这两年，"人工智能"方向的本科毕业生都被许多大公司哄抢，

优秀的博士更是动辄年薪百万，可把朋友羡慕得不行。

造成这一问题的原因，一方面是我的朋友做事谨慎，更愿意相信有数据支持的信息；另一方面就是她对消息和市场的敏感度不够高。当她能够搜索到前沿论文的时候，只要发散思考一下，就能分析出这个方向是当前研究的焦点和热点，很多技术都非常新，这才能够发表有价值的论文。一个被关注的新兴行业当然会比成熟行业更有发展机会。

而当她看到政策性新闻或企业战略规划当中有这些专业的时候，如果再多加了解一下，或许就会发现这正是未来几年的建设规划重点。像这种重点规划一定会得到大力扶持，想找一份好工作并有所作为的机会很高。

正因为没有去深挖这些信息，不善于观察和总结，朋友缺乏了对前沿消息的敏锐度，就错失了这次选专业的机会。而实际上，那些对消息敏锐度较高、善于透过蛛丝马迹发现本质的人，也并不是天生就比别人机灵，他们同样是在观察和总结当中得到的经验。如果用思维导图的方式来训练的话，就是"先观察发散，再聚焦总结"的过程。

比如，根据第一次世界大战期间德国与法国交战，德军凭借一只小猫就发现了法军地下指挥部的事例，我们可以来画一张思维导图，复盘一下当时他们的想法，就会更加清楚地理解这个过程。我们的观察要围绕着事实出发，所以思维导图的中心主题就是你最初获得的表面信息。对当时的德军侦察员来说，他们发现的就是"一只小猫"。

1.首先对跟中心主题有关的信息进行客观描述。已知这只小猫的出现时间是白天，地点是法军的阵地后方，停留的位置在一个空旷的土包附近，并且是一只有波斯猫血统的名贵品种，表现得十分悠闲。

这些都是我们可以在表面上分析得出的结果，并不需要你去思考，只需要仔细观察和记录就可以了。这个过程我们可以完全发散式地进行，把你观察到的所有细节都尽可能全面地写在思维导图上。

需要注意的是，一级分支最好不要超过5个，如果你观察到的细节都非常细碎，可以先提炼出几个方向作为一级分支，然后再把详细的信息写在各自的二级分支上。这种方式可以让我们更加快速地接受整体信息，因为大脑很难一下子记住超过5～6个的分支。

比如，你可以将围绕"猫"的一级分支按照"时间""地点""特征"来阐述，再在下面补充自己的观察。

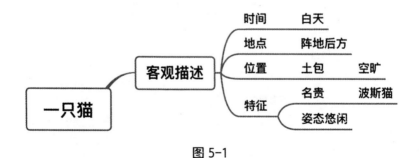

图 5-1

2.客观分析之后，我们开始发散思考并激发自己的想法。从小猫出现的时间来分析，野猫白天会出来吗？什么猫才会白天出来？这只猫会不会有自己的主人？主人是不是法军战士？猫的特征表现中有一个特点是"淡定悠闲"，这是不是意味着它很熟悉附近的场景，或许就跟法军有一定联系。

这些都是我们在思考的时候可以提出的可能。

同样，对猫停留的位置分析，可以发现除了土包之外，周围都很空旷，没有人家，猫很难说是从别的地方跑来的，更像是土包里面藏着什么人。

对猫的状态和特征进行思考，一只品种名贵的猫在打仗的时候还可以出现在战场上，它绝对不可能是属于下级士兵的。这意味着猫的主人可能还有一定地位。

将自己所想到的可能全部写下来，激发你的想法。

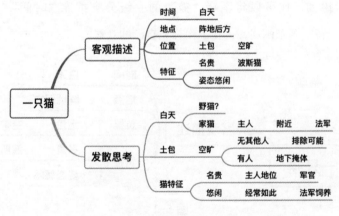

图 5-2

3.进行观察发散之后的聚焦总结。聚焦总结的过程和之前不一样，它要求我们不再用发散式思维开始思考，而是改用收敛式思维提炼刚才的主要信息点，总结归纳出不同想法的共同特征。

这意味着一开始我们要让信息从少变多，现在则要让信息从多变少。对刚才的信息进行一番总结之后，我们可以排除那些不太可能的结果，只提炼出最有可能的一项。所有的特征指向了一个结果，也就是这只猫是属于法军军官的，而那个土包就是他们的地下指挥部。

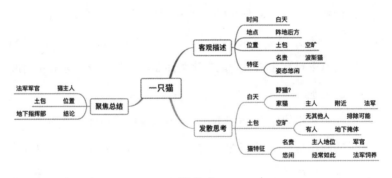

图 5-3

当年德军就是通过这种方式，分析寻找到了法国士兵们的所在地。从一只猫引发的思考，能得出这样的结果，可以算是透过现象看本质了。如果我们也经常运用这样的思维方式，以导图来进行"发散"和"收敛"思维的过程，相信原本对信息不够敏感的你，也一样能逐渐从微小的信息当中发现重点。

没有目标感？"SMART法"
让你变"聪明"

前面我们强调过，时间规划其实本质上就是对事务的规划，时间本身是没有任何意义的。而你的规划往往跟自己的目标息息相关，因为有了目标才知道当前应该关注哪些事务，继而才有了时间和精力的分配。

但在第一步建立目标的时候，很多人就已经面临了麻烦。一个最常见的问题是，没有合理的目标，或者说目标看起来不足以取信自己。举个简单的小例子，如果你也把自己的目标定义为"赚一个亿"，这个目标当然很高远，从实践意义上讲，也可以像模像样地制作出10年计划、5年计划或更短期的目标任务，但你内心真的相信自己能够实现吗？

信念感非常重要，正因为我们相信自己能做到，才会有一股力量支撑着自己不要放弃，而始终追求目标。如果你的目标连自己都不相信，在潜意识里认为不太可能实现的话，你就缺乏了目标能带给我们的真正财富，那就是激励自己不断坚持的信念感。

所以一个合理的目标特别重要，既能让我们蜕变得更好、在当前状态下更上一层楼，又不能太虚无缥缈、无法脚踏实地。这个目标的设定基准应该是能否说服你自己，比如，你确信自己在未来一定能赚够一个亿，那你就可以将其作为你的目标。

因为你对这个目标是有信念感的。

所以针对目标的分析特别重要，你必须要慎重思考，才确定这个目标能否给你带来指引，能否激励你并促使你产生行动力。随意设定的目标固然会省去很多时间，但如果它不是你真正想要的，不是你所相信的，没法激励你开始行动的，这种目标存在的意义就会打折扣。

对目标的分析法则有个非常经典的模型，叫"SMART法则"。"SMART（聪明）"在这里是几个单词的首字母缩写，分别代表了分析目标的一个侧重方面。

下面我们就用思维导图来展现它，也让大家来看一看，可以如何运用思维导图发散自己的想法，分析你当前的目标是否值得追求。

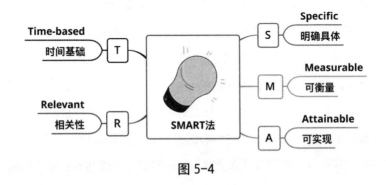

图 5-4

"S"代表"Specific",意思是"明确具体的"。导图的第一个一级分支,就是提炼和完善目标的明确性和具体性。一个明确的目标可以让我们更清楚地认识到自己要做什么,如果你的目标非常模糊,就很难说服自己,在实施的过程中也很难产生清晰的思考和分析。正因为你并不是真正知道自己想做什么,所以也很难在关键时刻做出有意义的选择或举动。

而具体的目标可以让我们的行动力加倍。当你将长期目标分解为多个短期目标,甚至具体到每天的任务时,你会发现"完成目标"就不再只是一个理想化的口头表达,而是真真正正落实在行动当中的东西了。你甚至不需要多思考,只要有一个非常细致而具体的目标,向着它去做就可以了,完全不必犹豫和苦恼自己该如何安排每天的时间、思考自己做得是否正确。

这就是明确具体的目标能带给我们的好处。

"M"是"Measurable",意思是"可衡量性"。接下来我们要思考自己的目标能否建立一个衡量标准。怎样才算是实现了目标?达成什么具体的要求,可以算是阶段性的完成呢?

建立这种衡量的标准,除了让目标再一次落地,让我们可以扎扎实实开始行动之外,也可以把一个原本比较抽象的目标概念,用一种可以衡量的标准来展现出来。

就像我们经常谈起成功一样,成功有什么既定的标准吗?到底什么样的状态才算是成功呢?有的人功成名就,却没有多少财富,有的人富可敌国却没有什么贡献,那他们谁能算成功呢?成功的标准有千千万万种，没有谁可以举出一个所谓成功的例子来说服所有人。这正是说明了我们每个人的衡量标准都不同，对自己的目标也是如此。但我们应该将自己的衡量标准明确写下来，因为只有确定了，才知道自己做到了哪一步。

"A"是"Attainable"，也就是"可实现性"。这里就谈到了我们刚才说的"赚一个亿"算不算可实现的问题。我们可以根据可实现性来进行自己的联想和分析，从我的角度讲，一个目标只要能说服我自己，取信于我，就代表它具备一定程度的可实现性。但这并不是绝对的，我们还可以从其他方面进行衡量和思考。

比如通过一些客观数据来衡量，你可以预估出当前情况下能否实现目标。一个年薪不到10万的普通职工，想要在10年内赚一个亿，或许能说服他自己并产生信念感，但客观的数据也许会告诉他，你可能对自己有点儿过分自信。

所以综合客观和主观上的多个因素进行判断，是最好的结果。客观数据在一定程度上代表了当前的能力，它缺乏对未来的预见，但保障了对当下认识的客观性。而主观的因素可以影响我们的选择，或许让我们做出一些有挑战性也有高收益的事，但也意味着比较脱离现实。

只有综合去考虑，你才知道这件事到底是不是可实现的。

"R"是"Relevant"，是"相关性"。也就是说，我们需要思考当前这个目标和生活中其他目标之间的相关性。当你的目标与人生的其他需求相关性较差的时候，就意味着完成这个目标，并不能给

自己的其他方面需求带来什么好处或者帮助，在某种程度上，是无法起到事半功倍作用的。

关于这个问题我有一些切身体会。有一段时间我特别喜欢心理学的内容，也曾经想过考一些专业的资格证或念一个学位，这个想法困扰了我很长时间，一直犹豫不决。直到有一天我用"SMART法"进行了分析，才发现自己内心犹豫的原因。它满足了前面所有的条件，但和我的工作、事业规划相关性很低，如果一定要投入时间和精力的话，还会压榨我在精神、感情等需求方面的时间和精力。

当明白了这件事之后，我豁然开朗，就知道自己该如何取舍了。最后我没有选择去学习心理学，这是我第一次在职业中做出一个相对较重的"舍弃"，但感觉却很好。

所以相关性差的目标，我们可以大胆舍弃，最好是让当前的目标和生活中的其他追求与计划有一定重合。越是高度重合，意味着对我们当前情况的改善越明显。

"T"是"Time-based"，也就是"时间基础"或"时间期限"。任何一个目标都应该规定完成期限，不然就像一个遥遥无期的许诺，很难真正刺激我们产生行动力和真实感。所以在这个分支下，我们要分析一下自己的目标在什么期限内完成比较好。尤其是在前面，当你制定明确目标的时候，已经在分支中对目标进行了拆分，下面就可以给每个阶段的目标完成给予一个时间限制。

有了时间基础，才有完成目标的紧张感和行动力。

　　当你的确感觉到自己的目标并不合适，会让你在实施的时候犹豫、难以行动，或许就是因为你的目标感不够强烈，所选取的目标不能代表内心真正的想法，在这种情况下，我非常推荐由思维导图和"SMART法"来确定自己的目标，接下来才可以更清晰地规划人生。

不懂选择？双值分析帮助你

不知道你是否和我一样，在很多时候会面临"选择恐惧症"。

我的选择恐惧症常常因为生活中的一些小事而左右摇摆、反复思量，比如要不要买一件衣服、中午要不要打破减肥的规矩大吃一顿等。真到了大事上，反而做起抉择来会更加果断一些。

后来我开始思考这个问题，为什么自己在不同的事情上表现的差异这么大？后来我发现，是因为在小事上，我很少运用系统化的思维方式去分析，做事全凭自己的直觉，既然不会对"今天中午吃什么"这样的话题，进行一个客观分析或者总结，当然就很难得出果断的结论。

相反，如果是面临大事的时候，我不吝于花时间在深入了解和分析上，反而更容易发现自己的需求，进而做出选择。

真正去了解自己为什么犹豫的时候，我发现所有的选择最后都可以归结为二元的选项，或许在一开始，你要做的选择是从许多选项里选出一个或多个，但它们其实都可以转化成二元选项，就是对

172

每一个选项进行"是"与"不是""要"与"不要"等分析。

当把所有的多项选择都转化成二元的，就意味着我们的分析系统也随之简单起来，从多值分析变成了双值分析。你只要去做一个"是"与"否"的判断就好了，要权衡的对象只有两个值，且它们彼此之间对立互补，否决一个就意味着选择另一个。

这样的选择就会比在众多项目当中进行挑选要简单。

放在每天中午的午饭上，大概就是从"吃什么"变成了"要不要吃套餐/火锅/水煮鱼"这样的选择。真的会大大减轻了自己的选择恐惧啊！

双值分析就是思维导图的一个典型理念，大多数人都会选择用导图的形式来进行分析。就像下图所示，左右两边分别代表"是"和"否"，左边的分支有优劣两项，右边的分支也有。这样就达成了一种直观对比的效果，可以让我们更清楚地衡量自己心中的天平。

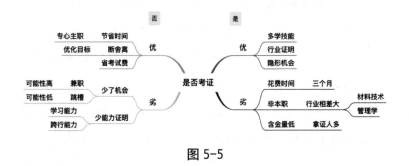

图 5-5

双值分析导图的绘制，特点也很明确，它始终围绕着一个主题出发，只不过分析的是这个主题正反两方面的选择，结构比较简

单，呈现出的信息也很明确，谁都可以上手，不会把一个原本简单的选择题变得更加复杂。

有一些概念工具虽然很好用，但在入门理解的时候，就要花费很多时间，而真正呈现出来时，数据特别复杂，表达方式也过于专业，所以更适用于专业的理解和沟通场合，并不适用大多数人。

相对于多值分析而言，双值分析的确比较局限，相当于把多值分析的过程拆成了好几个流程，对复杂的系统来说会花费更多时间。对普通人来说，当我们需要在生活中做一些选择时，使用双值分析会更容易理解，它也已经足够满足我们的需求。

有时候不用追求复杂的顶配或专业版本，好用就够了。

在这样的导图里，尽管分析了正反两方面的优缺点，但并不代表反方的缺点，就一定对应着正方的优点。比如，买车产生的缺点，换成不买车就可以转化为优点吗？这可不一定。

双值分析的导图能帮助我们做出选择，就是因为这些差异。

比如，在买车这个例子里，当"买"的缺点和"不买"的优点完全对立重合时，就意味着你在这方面没有特别明显的主观偏好，这会让我们在选择的时候更犹豫。但如果你在"不买车"的优点里写下"省一笔钱"，却没有觉得"多花一笔钱"是"买车"的缺点，这意味着什么？意味着你在"省钱"和"买车"的衡量当中，明显更倾向于买车。买车不会给你带来遗憾，你不觉得花钱是缺点，只不过不买的话刚好可以省钱而已。在这种情况下，你就会发现自己内心深处的倾向，知道"花钱"这件事并不是阻碍你买车的原因。所以有的时候，我们一定要把自己的想法完完整整写下来才知道自己的倾向。在双值分析导图中，不仅要比较双方的优势和劣势，还要去观察正方优势和反方劣势、反方优势与正方劣势之间的关系。

然后就是几个总结下来的分析依据：

1. 当其中一方的优势远大于另一方时，或劣势远小于另一方的时候，意味着我们更倾向于前者这个选择。

2. 在其中一方的优势里出现的元素，其对立情况没有出现在另一方的劣势当中，说明前者的分析里，这是一个锦上添花型的好处，重要性并不大，即便失去它也不足以成为缺点；同时，其中一方劣势里面出现的元素，对立情况却没有出现在另一方优势里，说明前者的选项存在不容忽视的缺点，消除这个缺点不会成为优势，但保留这个缺点会让我们很在意。

3. 自行对这些选项的优劣进行一个重要性编码，选择囊括了比较多重要优点的选择，就可以达到牺牲少部分成全大多数需求的目的。

通过这种分析，我们可以更清晰地认识到那些不太明显的偏好，做出更符合自己想法的抉择，更重要的是，这解决了我们在很多场景下会出现的选择恐惧症和拖延症。

担心自己不会表达？"3S法"搞定它

表达其实也是一种沟通，我们在向别人传达自己的想法，并在大多数时间里都想要得到他人的认同。既然这样，完全可以将沟通的话术与技巧结合在自己要表达的内容中，让我们的信息以更容易被人接受的方式传达出去。

我们不仅要学会用思维导图来提升学习能力，高效"内化"那些外界的知识信息，也得学会高效"外放"，将信息针对性地投送到想要了解它们的人那里，这样我们的工作才是真正得到了别人肯定，能力才得以展现。任何时候，这种能力都是不可缺少的。

将沟通的黄金法则融合进更容易传达信息的导图中，我们的表达能力就会倍增。

之前，我们行政部门的主管是个很会说话的人，经过我的观察，他总是能"见人说人话，见鬼说鬼话"。这当然不是形容他油嘴滑舌，因为做这份工作，如果令人觉得你不靠谱，恐怕就很难再有升职的空间了，更何况做到部门主管的位置，还是这样一个很容易出现沟通问题的特殊部门。

行政主管会说话的地方在于，他知道针对什么人说什么话，可以让对方最快理解和接受。

对待不同岗位与身份的人，他总是在说话时率先表示对你的理解，态度十分亲切。任何时候，你跟他聊天都像是找到了"自己人"，他的每句话都说到你的心坎里。在这一前提因素下，我们会不自觉放软自己的态度，更愿意听进他的话。八面玲珑的行政主管，说话总能说到人心坎里。他是个善于观察、记住周围人需求的人，而且只要出现过的人名都会记在心里。之前参加外面公司的联谊，行政主管看到去年年会时才见过一面的合作公司老总，一下就叫出了对方的名字。

"您怎么知道是我，原谅我，我都对您没印象了。"老总倒是个非常爽快的人，将自己的疑惑说了出来。

"您忘了可我没忘呀，去年我们公司年会，您不是带着秘书一起来参加了吗？对了，还有您的女儿，今年该大学毕业了吧！"行政主管几句话就把老总的"底"都透了出来，而这详细的描述立刻让对方感受到被重视是什么滋味，两人之间的气氛立刻亲切起来了。

最后，这场联谊中，老总与行政主管聊了很长时间的孩子，两人最后交换了名片，老总还邀请行政主管："期待你再到我们公司，我请你喝咖啡！"

而工作里，行政主管传达信息的方式，则十分简明扼要，只说最重要的话，如有问题，你可以单独询问。

而最重要的信息，他不吝啬于多次强调，甚至可能强调三四次以确保你绝对不会弄错。

这种简洁又不失亲切的沟通方式，让人很容易产生对他的信任感，也不会觉得他给自己带来了许多麻烦，因此，行政主管的职业生涯一直是顺风顺水。

其实，他的这种沟通方式，总结起来就是沟通的"3S"原则。将这种法则融入思维导图之中，也能帮助我们表达和说服他人。

"3S"原则跟思维导图结合，内容应该注意下面几点：

1. 导图内容简洁（simple）

沟通的"3S"原则里，第一条就是简洁。一个人在短时间能接收的信息是有限的，我们只能以尽量简洁的方式传达给对方，说话简单是最好的。

思维导图的特点恰好就是简单却直观，十分方便理解。在融入"3S"原则后，我们仍需要进行这样一些检查：

确保每个分支上的关键词都是核心信息。

反复练习，确保通过思维导图的帮助，能在短时间内顺畅地讲述你要表达的内容。

2. 导图表达的信息准确到位（specific）

拒绝做那些看起来很有效果，真正理解时却让人一头雾水的导图。想要用思维导图传达自己的想法，不要追求表面上的花哨与漂亮，只需要追求它更好地呈现信息的好处。我们应该尽可能地保障思维导图传达准确信息，删去那些冗余内容。

这种信息筛选，可以借助"5W1H"的方式来辅助，让我们通过自问自答找到答案，并理清脉络。

做到这一点，你需要：

可以收集别人的反馈信息，看能否传达精确。

你表现的所有信息都是解决问题，能否找出自己要解决的问题？围绕它来进行。

使用"5W1H"，通过问题不断反推出结果，你就知道精确表达需要哪些信息。

3. 在导图中突出共鸣点，说服别人（soft）

话语柔软，就是在言语中能够说到别人心坎上，能站在他人的角度说话，别人就不会感受到你强硬、尖锐的一面。一旦跟你站在对立面上，就算你的工作再优秀，他们在潜意识里也会产生抵抗心态。

所以，展现彼此的利益共同点，也就是共鸣之处，十分重要。

你需要选择那些共同点，将它们尽可能多地呈现在导图上，这样才能绘制出一张可以令别人信服的导图。

你可以通过这些点来解决：

通过针对性分析，找到对方的喜好。

提供大量的数据和观点，来引导对方得出自己想要的结论。

不要轻易否定别人的想法，你可以通过一些客观观点和证据的辅助让对方主动认可，但不可以先行否决。

我相信，如果我们的思维导图中融合了有效沟通的"3S"法则，一定可以更高效表达我们的想法，并成为一个优秀的说服者。

缺乏思考能力？你需要多问为什么

决定你能从同一件事中想到什么、获得什么，除了你看待事物的方式之外，还有你的思考习惯。面对同样一件事，怀抱有好奇心和探究心理去处理，会让我们得到完全不同的结果。

我们离真相的距离，很多时候就只差一个"为什么"。

在儿童时期，家长们经常强调要多回答孩子的问题，引导他们多去问"为什么"，因为这是孩子对世界产生好奇的一种表现，当他们提问的时候，就意味着自己在不断思考。既然小孩子可以这样培养，当我们成年之后，为什么就突然忘记了要有小孩子一样的好奇心呢？

如此培养孩子，就是为了培养这种优秀的思考习惯，凡事多去想一想"为什么会如此"。成年人的思考习惯也一样可以通过训练来培养，只要你有意识地去剖析，而不是在遇到一个问题的时候懒得想、不愿想，思考能力就会得到提升。

有创新能力的人都善于通过提问来找出深层次的原因。爱因

斯坦曾经说过："我没什么特别的才能，不过是喜欢追根究底地探求问题罢了。"对一件事的表象不断提问，你的思维就会越来越有深度。

哪怕只是一个简单的表象"鸟为什么会在天上飞"，也可以延伸出许多答案和继续询问的问题：

"因为它们有羽毛。"

"有羽毛为什么就可以飞？"

"因为羽毛的结构中空、轻盈，飞行的时候可以减少阻力，扇动翅膀就能靠气流产生托举力。"

"人类有了羽毛也可以飞吗？"

"人类不能，因为鸟的骨骼也非常轻盈，连呼吸的方式都适应空中状态。"

从一件事情开始刨根究底，这种思考方式不仅适用于学生时代，更适合在工作当中进行，以达到见微知著的效果，可以提前发现并解决很多问题隐患，也可以达到创新的目的。

我常常运用"5Why分析法"来进行思考，并将它和思维导图结合在一起。这种分析方法是日本发明家丰田佐吉提出的，他设计制造了丰田自动织机，而他的儿子就是丰田汽车公司的创始人。

丰田公司也贯彻了这一方法，在遇到困难的时候，他们会先让员工问"5个为什么"。通过这连续的5个问题，目光不仅仅着眼于当前，更试图去发掘深层次的原因。

比如，如果一台机器突然停摆了，如果是其他的公司，可能会经过检查之后，就把机器送去维修、零件换新，让它可以继续运行。这就是基于表象来解决问题。

但在丰田公司，通过连问5个问题来进行分析，就可以发现机器停摆的真正原因。

"为什么机器会停摆呢？"因为机器超载导致保险丝熔断。

"为什么机器会超载？"因为机器轴承的润滑度不足，增加了摩擦。

"为什么会出现润滑度不够的问题？"因为泵失灵了，不能抽取足够的润滑液。

"为什么泵会坏掉？"因为润滑泵的轮轴磨损消耗得太厉害。

"为什么轮轴会磨损？"因为有杂质进入轮轴里。

这下我们就能发现，想要真正解决机器经常停摆的问题，就不能每次只是更换熔断的保险丝，而是要保证不要有杂质进入轮轴，才能从根本上解决这个麻烦。

我们常常说出现问题是好事。只要存在问题，就一定是有些地方有不合理的情况，如果这些问题一直潜藏着，无法被发现，就成为我们不能获知的风险和隐患。但当一些小的问题浮现，顺藤摸瓜去发现大的疏漏时，其实是通过低风险的消耗进行了一次排查。

所以对待问题，我从来都不会觉得它很小，更愿意去花时间思考"为什么"。

这也是因为我在这方面吃过亏。我所工作的地方，实验室里经常丢东西。不见的都是一些零碎的小玩意儿，一开始我们认为是实

验室的东西太杂乱了，不知道放在哪里所以找不到，也就没当一回事。但时间久了就发现，这些零碎的小东西，虽然每次只丢一两个，却是日积月累总会消耗，一些重要物品就出现了异常多的损耗情况。

这时候我们才意识到可能是实验室的安全管理出了问题，真的有外人进入实验室拿取了一些用品。

一开始只是一把剪子、一支镊子的问题，后来就变成了实验室物品遗失的问题，以后再发展下去，会不会导致危险药品流出实验室，造成社会危害呢？

考虑到这样的后果，我们专门开了一个小组会议，全程在讨论如何解决。大家态度严肃地谈论这个话题，可谈论的对象却只是一些不值钱的零碎物品，这看起来好像非常小题大做。但事实证明，以小见大，从微小的地方发现隐患还是很重要。

我们讨论得出，实验室可以通过刷卡进入的小门，应该把授权权限收紧，不要每个工作人员都可以进入。这样在工作时间，只有得到授权的人员可以进入实验室，每一次进出也都会登记在电脑上。

最后整个机构的实验室全部进行了重新装修，还配置了大量的摄像头用于监控。

而一切都是从一把镊子开始思考的。这件事给了我一些启发，能在病痛刚刚产生的时候就将其治好的医生，医术可能更加高明，能在问题刚刚出现的时候就将其扼杀在摇篮里，也会让我们减少许多风险。

下面我就给大家分享一下我做"5Why"思维导图的提问框架：

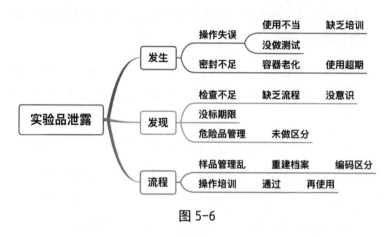

图 5-6

询问的问题可以从三个方向出发，如果你还有自己的要求，也可以再增添其他方向。

"发生"分支意思是"这件事为什么会发生"，这是从事件产生的角度去思考。在这一分支之下提出的问题，全都是为了思考如何解决事件本身。

"发现"分支的意思是"事情为什么没有被发现"，有很多问题在刚刚出现的时候，我们总是难以发现，就像我前面遭遇的实验室问题，在一开始只是微不足道的小物品丢失罢了。但没有发现就意味着我们仍然需要对检查的角度进行改进，通过对这个问题的思考，可以帮助我们优化在工作当中的检验程序。

"流程"分支的意思是"为什么没有在原本的体系或流程当中防患于未然"。没有真正完美的流程，我们永远都在实施过程中不

断完善它，而完善的过程就是减少这些遗漏、减少意外麻烦的过程。如果某些意外的发生，没有足够的预防体系，就意味着我们的流程还需要进一步完善。

从这三个角度去思考，在每个角度下分别提出几个你能思考到的表层问题，然后再针对这些问题不断用"为什么"进行引导，不断延伸。

我们不一定要拘泥于次数，没必要就每个问题都连续询问自己五次，只要问出了自己想要的答案，问到自己已经没有答案的时候，就可以停止了。

这时候你得出的结果，一定会比一开始要深刻得多。

分析工作价值？取舍思维要体现

有人说，领导口中最大的谎言就是"给你一次锻炼的机会"，因为这十有八九都是压榨你的劳动力。

所以，面对那些本职工作之外的事，我们要不要做呢？

朋友M也曾经跟我聊过类似的话题，不过那时他已经是领导的身份，看问题又有了些许不同。

他说："刚参加工作时，我的上司也喜欢交给我一堆乱七八糟的工作，很多都与岗位无关。那时候的我真单纯，也真实在，给我什么工作都做。"

那时的M还很年轻，不像现在的许多年轻人，尚未入职场就接触了许多职场潜规则，内心多少有些警惕，他是全然不设防。不管是上司派的活，还是其他部门同事找他帮忙，他都一口答应下来，美其名曰是对自己的历练。

后来吃了不少亏，他才逐渐守住原则，不再来者不拒地帮别人了。

可吃亏并不一定就毫无好处。在那段时间里，M迅速积攒了许

多与本职相关的工作经验。结果很多工作都不是他的职责，但他一边学习一边摸索，竟磕磕绊绊将整套流程都顺了下来。

后来，他就成了几个部门里唯一一个什么岗位都能胜任的"多面手"，也顺理成章地当了领导，走上了上司曾经走过的路。

而现在，M却发现自己的下属和当初的自己完全不同。他们聪明机灵，却也把一切都分得很清，从来不肯做一丝额外的工作。

M了解过之后，告诉我："因为现在的年轻人特别害怕吃亏。"

下属们把本职之外的工作，都清楚地排除在外，只要多做一件，就觉得自己吃亏了，总是抱怨连连。

其中一个女孩儿最为明显。每次M给她分配工作，她从来只做自己绩效考核内的。只要跟绩效考核无关，她就从来不上心，要么敷衍着交一个结果，要么就干脆抛在脑后，理直气壮觉得事不关己。

M跟她聊过几次，她却从来没有正面回应，甚至变本加厉这样做，让M对她毫无办法。

尽管她这样做也符合公司要求，但M对她的评价难免变低。毕竟，团队合作中总有些细节是绩效考核无法囊括在内的，如果人人都当事不关己，团队工作也很难顺畅运转。

这就是在给M添麻烦。

所以，当公司要裁员时，询问M的看法时没有明确表示支持这个女孩留下来，所以最终她被解雇了。

说起她走时还带着委屈的时候，M忍不住长叹了一口气："她还是不明白问题在哪。"

有时，职场外部的环境推动着我们，让我们无法完全局限在本职工作中。若你永远只处理所谓分内的工作，却不顾团队合作的需要，很容易给别人留下消极怠工的印象，这会让个人价值大打折扣。

同样，局限在本职工作中，也让我们无形之中失去了许多机会，亦关闭了自己从外界汲取经验与信息的渠道。

还有些人，之所以局限在本职工作里，是因为不懂得争取，所以有心无力。

其实，大胆一点去表达自己的上进心，你会得到更多友善的回应。现实一点说，你是在主动要求做更多事，无论领导还是同事都不会抗拒，甚至欢迎之至。

朋友公司有个前台，虽然学历不高，但曾经学过一段时间绘画，水平也不错。

她可以算是有些设计天分，而公司内部经常有些宣传策划活动的机会，那些大型的、面向市场的活动当然会由专业人士进行海报等设计，但许多公司内部的宣传策划，却都是大家兼职来做的。

她就很想尝试，却不敢向自己的领导提。

去年公司年会前，朋友在前台取快递，意外发现这个前台的电脑里就有一张年会海报。朋友惊讶极了，因为其他前台的电脑里不是播着电视剧，就是开着微信或QQ与人聊天，他还是第一次看到在做海报的。

"这是年会的海报吗？你做得不错。"

听到朋友的夸赞，前台姑娘红了脸："我就是随便做做，您见

笑，我也不敢交上去。"

朋友是个热心人，正好碰见前台的领导从旁路过，他又认识对方，就打趣道："你快来看，你手底下这姑娘挺有才，怎么不让她参加年会策划？"

领导走过来一看，吃了一惊，也余有荣焉，还小小埋怨了前台一下："你怎么不主动提，多好的机会。"

之后，前台就顺理成章得到了参与晚会策划的机会。她自学并熟练掌握了设计软件，作图水平也从小打小闹变得更加专业，公司里越来越多的相关工作都常常交给她。

两个月后，她就顺利转岗，成为第一个从前台转宣传的人。

如果不是因为朋友当时恰好路过，也许这个女孩永远都无法抓住向领导推荐自己的机会，就永远都错失了展现才华并实现职场提升的机遇。

当你有尝试本职工作之外的想法时，可以视情况多跟领导沟通。如果不提出，谁也不知道你在想什么，那些潜在的机遇和能够提供给你的帮助，就被你在沉默中错过了。

对我来说，有些工作到底值不值得做，并不是单纯用"短期内能给我带来多少回报"或"是不是我的分内工作"来衡量的。我会通过思维导图进行深入分析，对一些工作内容进行取舍。

在有限的时间内，我们必须把精力都放在对自己长远发展有益处的工作上。如果交给你的委托，你都慷慨答应，很容易成为其他同事推脱责任的首选对象，也成为这个环境中被欺负的老好人，可以说是费力不讨好；如果对一些非日常分内的工作，你都一概拒绝，不仅可能违背你所在岗位的一些"潜规则"，也可能会让我们错失一些有价值的机会。

所以，仔细分析一下你手头的工作到底有没有价值、该不该花时间去做，这个过程可以帮助我们做好取舍，从长远的角度来看，也能帮助我们不断调整自己的职业规划，以求达到最高效的输出，能在同一时间内创造出更高价值。

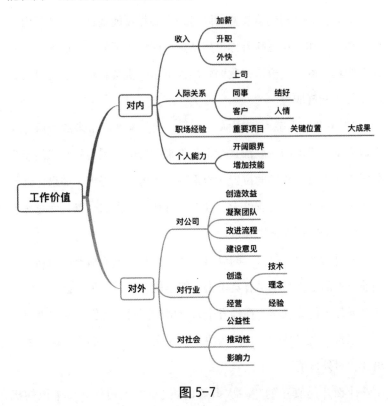

图 5-7

分析某个工作的价值,我会从两个一级分支出发,一个是"对内价值",一个是"对外价值"。

"对内价值"就是对我们自己有什么好的影响。当你做一份工作的时候,除了带给我们短期的金钱回报之外,它或许能从人际关系上给你带来好处,或许能成为你职业生涯里重要的履历,或许能提升你某方面的经验和能力,把这些可能性都进行深入分析并写下来。

我们在为公司创造效益的同时,也要尽可能地选一个"对内价值"高的工作,这意味着你也能从这个岗位里不断学习成长,提升你在职场上的个人价值,我们就能被更多的机会青睐,更有机会获取高收入和好职位。

"对外价值"就是对团队、企业、社会等方面带来的价值。大多数人主要思考的一般都是对企业带来的价值,因为只有我们能为公司创造效益,我们的位置才坐得稳、饭碗才端得牢。如果你做的工作对公司来说也可有可无,或者没有什么太大的亮点,就意味着你的岗位随时可能被别人取代。

通过对"对外价值"的分析,可以让我们更清晰地认识到自己当前所做的工作是不是有竞争力,能不能在公司乃至社会这个外部环境下处于优势状态。在提升个人价值的同时,我们也要注重展示和积累自己的对外价值,因为决定公司雇用你的,仍然还是所表现出的"对外价值"。

什么才是真正的"一次锻炼的机会"?上司领导口中说的机

会，并不意味着就是这份工作真正的价值和意义，只有通过你自己冷静客观地详细分析，才能找出什么工作内容值得你投入时间。

　　对待那样的工作，不管是不是你分内的任务，只要有时间，我们都可以去做。哪怕回报不可能在短期内得到转化，从长远来看，也仍然能改变我们的职业生涯。

Part 6

工作中的
思维导图应用

任何概念，不能落到应用上，就都不算好概念。好用的思维导图应该
应用在工作中，真正体现它的实用价值，这才能让效率得到提高。在应用
中磨炼你的思维，磨合新的方法，才能找到属于自己的高效导图之路。

建立思维导图的文件索引

在工作中，我们不可避免地需要用到自己的信息检索能力和整理能力。

处理那些有效核心的信息当然很重要，但懂得整理看似零散的资料与偶尔出现的灵感也同样重要。一份条理清晰的资料，能帮助你在需要时快速地找到它，一个不经意间迸发出的灵感，也能在某个时刻成为帮助我们解决问题的重要突破点。

所以，整理好你搜集到的资料，记录下那些看起来并不十分核心、系统化的灵感，在短期也许看不到什么好处，但从长期角度上，是非常重要的。

我们可以用导图的方式来给资料做收集目录，以分门别类十分清晰地将它们归纳收藏，也可以用思维导图记录自己的灵感，并开展一次思维风暴，让灵感变得具体、更有"落地"的价值。

"他这个想法，我之前也有过！"一个同事惊喜地指着某个App界面上的新功能，十分激动地跟我们说，"就上次咱们去吃饭的时候，我不是说过吗，要是有这个功能就好了。"

同事对自己的灵感跟知名大厂推出的App不谋而合感到十分激动，他甚至特别骄傲地跟我们细数，他曾经有过哪些非常棒的想法，又都被市场一一验证了。

一个前辈端着茶杯，笑着起哄道："你说说你怎么不自己去做，说不定你自己去干，成功的就是你了。"

同事愣了愣，叹气道："嗨，这不是没钱没时间吗！"

没钱去实现自己的灵感和想法，毕竟他还要上班，哪有精力和勇气孤注一掷做一件可能根本没有结果的事情。所以同事的想法和灵感永远停留在想法阶段，根本没有进一步推进过。

正因为他没有推进，所以将实现灵感这件事，想得太难也太简单了。想得太难，在于他有很多奇思妙想，却觉得一个都不可能被自己做到。他根本没有仔细分析过这些灵感的可行性，也没有进行过进一步讨论，譬如想一想"如果想做这件事，需要怎样的团队、如何实施、多少资金，走什么路线"。也许当他仔细分析过，会发现灵感并不是遥不可及的，真的有实现的可能。而想得太简单，是他觉得别人实现他的灵感好像很容易，自己就与有荣焉了。殊不知，产生想法固然很珍贵，但正因为太多人不能将它付诸实践，所以那些真正愿意克服过程中种种难题并落实想法的人，他们的工作才并不简单。

而我们要做的，就是不要像我的同事一样，抱着空泛的灵感不放，抑或有了灵感也可能忘掉，而应将它们收集起来，进行更深入的思考，扩宽自己的脑力。

先来讲讲如何用思维导图收集资料，让零散或体量极大的资料变得系统化、条理化。

我们的电脑上存储着大量文件，有的是私人工作，譬如生活规划、工作之余的学习和阅读资料、理财记录和分析等；有的则是工作文件，不同项目、不同客户或不同领域的资料信息全都堆积在一起，一旦体量变大，准确查询某个信息就变得非常艰难。

查询困难，基本上就给你搜集的资料判了死刑，我相信你再次去查阅的概率将迅速下降。

甚至我曾经发现，自己苦苦搜寻的某个珍贵资料，其实就是躺在我的电脑中，但时间太久我早就忘记了。

所以，一定要学会整理资料。这一方法，总结起来就是建立自己的资料分类体系。

1.创建资料整理规则

第一步就是建立一个分类体系的基础——确定我们通过什么逻辑来分类这些资料。

我们可以将所有资料按照其所诠释的不同对象来划分。譬如，生活资料归于一大类，学习提升的资料归于一类，而工作相关的资料，再归于另一类。

在大类下，可以按照你合作的项目或交流的对象不同来分类整理你的资料，这些都由你觉得合适的逻辑来划分。

如果按照项目和领域来分，就像下图：

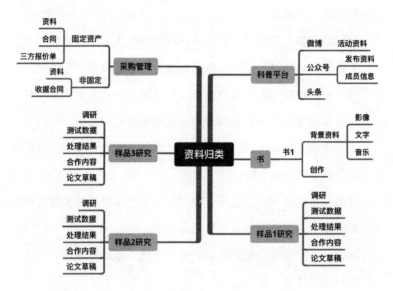

图 6-1

你最近在做的工作项目，每一种都有针对性的资料，将它们整理在一起是很合适的。除此之外，也可以按照你工作中的不同领域来划分，或者按照时间线来划分。

如果你的工作要对接不同人群，譬如客户、上游供应商、公司其他部门，就可以按照接触到的对象来进行资料整理，这样在对接的时候，可以快速找寻到合适的资料打包发送给对方，省去了我们自己一一查找的功夫。

2. 建立清单，可以进行编码

当你的资料体量很大时，就像一本承载着大量信息的数据的图书，总需要一个目录。

如果没有"目录"，在电脑上按照分类文件来一一查找总会有些麻烦，而且大量的资料无法录入到电脑，譬如合同、纸质材料或文件等，这些都是实物资料，需要查找目录的帮助。

这个"目录"，就是资料的分类清单。

在第一步之后，我们对资料进行了大类区分，然后在每个大类下分别归纳入你的资料名称，这就是建立清单的过程。如果你认为

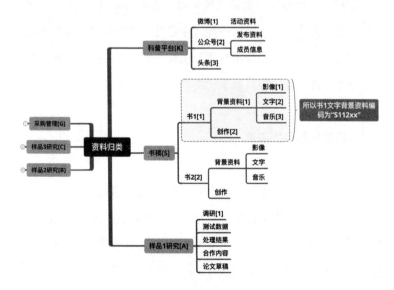

图 6-2

201

名称查找太费劲，可以像图书馆一样对资料夹进行编码。不同的大类和其下的小分支，分别以字母或数字的方式区分，建立一个自己的编码系统，每个编号对应唯一的一份资料，你就可以快速定位与查找。

无论在电脑还是桌面上，都十分有用。

3.打印分类目录，按清单整理文档

建立起你的资料清单后，你可以将这份清单目录打印出来，也可以手绘后收好，这就是我们以后检索资料的重要目录页。

完成这一准备后，就可以按照清单的指引来整理自己的文档，或按照你的编码以一定顺序进行排序归类。将所有电子和纸张的文档全都分类完毕，每次使用时都要注意分类位置，再原位放回去。

这样整理，你的资料就永远简单有序，十分便于处理。

4.经常更新你的清单

最后，记住经常更新你的清单，不要让它过时。

只有与当前工作结合紧密的清单才是有效的，它会被我们时常使用，你绘制导图清单投入的精力才不是被浪费掉的。如果不经常更新，与你的需求脱节太多，渐渐你就会失去这种按清单检索资料的习惯。

调动会议积极性的思维导图

如何让你参加的会议视觉化、充满视觉冲击力呢？

很简单，只要照着下面这几步进行即可。

首先，你应该在绘制导图之前，先了解自己要参加会议的背景内容。必须先了解会议背景，才能知道会议主要关注点、主持人简介等信息，并提前进行简单记录。这样，你对会议有了初步的了解，至少知道内容的大方向并给自己足够的信心。如果你有机会与主持人沟通会更好，这会让你的导图更加完美。

经过研究，你可以根据主题收集和阅读相关资料。在正常情况下，我会携带活页夹收集信息，这样可以随时插入数据并在活页纸上进行记录和改进。有时我需要使用手机，毕竟，在目前的信息化过程中，我们随时可能会拍摄一些照片发送和接收电子邮件，这些记录信息的办法都比用我们的手来写要快得多。

然后，一定要在会议或活动开始之前到达，并创建你的导图主题。媒体是传播信息的天然专家，他们知道如何让我们快速阅读最

重要的信息，其中一个窍门有引人注目和色彩明亮的标题，因此，如果我们绘制导图记录，就有必要绘制一个醒目的中心主题。

制作这样的题目显然需要很长时间，有时候你需要做一些修改。如果你在会议开始后才开始急迫地进行，我担心这会影响你对之后内容的关注和理解，因此我们需要尽早到达并提前制作引人注目的中心主题。

会议或活动开始后，你可以聆听其他人的讲述并选择记录在笔记上。可以专注于你认为重要的事情，记录你感兴趣的事情，这些都没关系。因为最重要的事情不是记录，而是你在这个过程中过滤信息并整理其顺序和逻辑。

有些时候，会议对于大多数人来说是"无聊"的代名词。不可否认的是，许多会议本身并不是很有用，可能正在浪费我们的时间。但是当你发现，你参与的所有会议都很无聊时，只能证明一点，你根本没有进入决策圈子，或者，你没有参加重要的工作。

因为大部分重要工作仍在会议中决定，所以我们需要积极参与到会议中，不管是否有决策权和发言权，即使我们刚刚进入职场，还是学习的态度，也应该始终遵循会议的节奏，这样才能迅速成长。

机会总是保留给有准备的人。即使你没有决定权，你甚至没有机会说话，但并不妨碍你模拟参与和记录自己的想法。这是让我们参与会议并改变"无聊"过程的第一步。

我们可以在会议中进行"角色扮演游戏"，假装我们现在是一名发言的经理、董事或其他决策者，然后从这个身份开始思考如何去做。当你以这种方式去"扮演"，其实就是在锻炼自己的思维，并与真正的决策者所做出的决定进行比较，思考其中的异同和原因。当你发现自己做出的决策已经跟决策者一致了的时候，恭喜你，你已经锻炼出一个领导人应该有的思维了。

另外，我们也可以让会议记录变得更有趣。例如，根据会议发言人的角色画几个"头像"，围绕着他们绘制一张"对话"思维导图。当然，如果你没什么时间，也可以用名字、火柴人等简单形式代替。

如图，就是一个"对话"的会议思维导图。

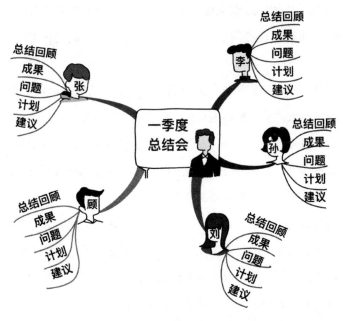

图 6-3

一级分支是每个发言人，你可以配以头像来让这张导图更有趣味色彩。

接下来，我们可以将每个人的讲话重点记录在他们的"肖像"后，按照二级分支对内容进行分类。

这样除了使会议内容具有立体感和趣味性之外，它还可以让我们更快速记下当时的情况。比如，当我们在将来看到这个记录时，几乎可以立即回想当时的情况，哪些内容是由谁提出的。

这种涂鸦方式的"对话导图"就像还原了当时的会议状态，成为记忆的一个关键节点，帮助我们更好地记下复杂的会议内容。而且由思维导图的特点来说，不同发言人的分支都有各自的颜色区分，这也可以让我们更迅速地回忆起每个人的观点和主要讲话内容。

记住，一定要记录他们的有效发言！有些人在会上讲了很多，但他们的有效内容是模棱两可的，很少有主观意见表述，这就是无效发言，真正的作用很小。在我们记录会议内容时，一方面剔除别人的无效发言，一方面也是锻炼自己，告诉自己如何进行更有效、满满干货的发言，减少无意义的时间浪费。

通过这种"对话导图"，最有帮助的是在复盘的时候，让我们清楚地看到每个人的思考重点、思维模式是怎样的。有些人所关注的问题跟你我不一样，以导图来记录，接下来你就很容易理解对方为什么会有这种想法，进而建立对这个人的认识。

这就像是又跟他们进行了一次对话一样，还能让我们快速认知周围人的思维习惯，学习其中好的方面，并利用对他们的了解来更好地跟对方沟通交流。这些，都是"对话导图"能够起到的作用，这是区别于传统会议导图的。

如果你选择这些方法来记录，你会发现会议的过程也没有那么难熬，还能发现很多有趣的信息。

宣传文案可以用思维导图梳理

并不是只有文字工作者才需要掌握宣传文案的写法。对必须要宣传产品的专业文案来说，他们也要掌握这种技能，才能将产品的特点传达到用户那里，获得更高的用户转化率；对普通人来说，宣传我们自己的工作也需要一个漂亮的"故事"包装一下，合适的表达方法就像公司采用了好的文案一样，也能让我们需要宣传的对象快速明白我们的能力和成果。

所以掌握宣传文案的思路，不管对文案工作者还是其他岗位的人来说，都有一定好处。甚至根据我收到的一些回馈，反而是其他行业的人学会了写宣传文案的技巧，在生活中得到的好处更多。

我想这正是因为，文案工作的行业要求相对专业，写作优秀的文案本身需要掌握很多逻辑技巧，有些时候已经不再是比拼逻辑和思考，而是比拼天赋和灵感。但逻辑思维仍然是基础，打牢这个基础才能成为专业文案。

我看过的文案或宣传，有一些非常优秀的案例，比如钻石宣传的"钻石恒久远，一颗永流传"等，但生活中接触到的更多是一些中规中矩且并不出挑的文案，有的宣传甚至落入低俗以求吸引用户。很大一个问题是，他们并不知道自己的用户到底需要什么，也不知道哪些关键词能够最好地让用户理解产品的优点。比如很多宣传优质真丝产品的淘宝文案，特别喜欢强调"16姆米""19姆米"这样的真丝克重，来证明他们的产品货真价实、舍得用料。但对用户来说，尤其是那些不太关注研究真丝产品的用户，直接看到这个词并不会意识到这里面的优劣到底在哪里。那时候，就必须进行更直白的解释，最好是能戳中对方情感上的偏好——也就是抓住对方的需求，才更容易卖出产品。

在这种情况下，如果没有一个缜密的逻辑来引导自己撰写文案，我们就很容易错过能戳中用户的要点。所以我建议大家，如果要用文案来营销你的产品，或展示你的成果，最好都在撰写之前，先用思维导图梳理一下自己的想法，搞清重点和要点，并把这些要点进行排序，将更重要的放在最前方展示，才能让目标用户有更大机会注意到你的产品。

通过下面这个导图，我们可以来看一下如何构建产品类文案的思考逻辑。

首先是对产品定位的人群画像进行分析。我们不管是在企业当中营销自己，还是帮助企业营销产品，首先都得从营销对象出发进行分析总结。

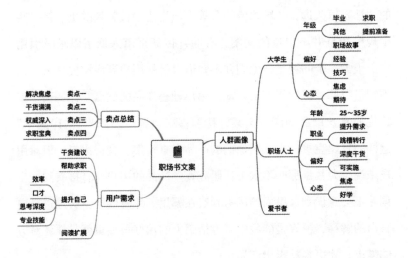

图 6-4

对产品来说，分析的第一个就是用户画像——确定哪些年龄、职业、地区、性别、偏好的人是这些产品的主要用户。其实很简单，原理就是为了投其所好，只有先定位这些用户，我们才能根据群体特点找寻到能够打动他们的要点。

然后就是根据对用户画像的分析与认识，填充第二个分支——用户需求。针对这一类目标群体，分析得出他们的需求，根据这些需求进行文案的撰写，可以让你写下的文字尽可能打动对方，不会造成宣传与用户群体需求不一样的问题。

在进行用户需求分析的时候，除了考虑产品的适用人群，可以考虑一下产品的适用场景。对产品的适用场景进行分析，就是思考人们在什么时候会用到这个产品，同样也能让我们想到用户对产品的特殊需求。

根据用户需求，绘制第三个分支——产品的卖点总结。前面两个分支的准备都是为了让我们对卖点有更深刻的认识，在写文案的时候，我们的主要笔墨就是在对卖点进行描述，通过卖点总结，可以帮助你找到文案的主要核心。

总结卖点的时候一定要进行排序，根据你之前的需求分析，按照重要性对卖点进行整理，把用户心里最在意也最重要的特点放在第一位。做文案宣传不要搞什么"酒香不怕巷子深"，我们的目标就是在第一时间挽留所有闻到酒香的用户，当然要把产品最重要的特色摆在最前面打出去。

在总结完卖点之后，每一个卖点下的分支都可以进行更符合用户需求和认知的叙述。有些产品很不错，卖点也都抓住了人们的需要，但宣传时的描述方法和用词太过专业，就很难让用户迅速领会。我们一定要学会把卖点转化为更加通俗、更符合用户需求认知的直白方式，体现在文案上，还能吸引更多的用户。

通过思维导图进行逻辑梳理，我们会发现产品的卖点变得更加清晰，不再像之前一样容易和目标用户的需求脱轨。虽然多了一些准备工作，但是这样做出来的文案可以大大提高用户的转化效率，投资在上面的时间和精力都是值得的。

准备演讲，让重点更清楚

因为我的工作领域特别需要大家及时交流、沟通最前沿的信息，所以我经常去参加各种讲座，除了听别人传授他们的经验和认识之外，有时候自己也要上去演讲，把当前的工作与我所悟得的信息传达给他人。在不断练习的过程中，我发现能讲好一场演讲的人，背后都付出了极大的努力。

一个非常典型的例子就来自于我所认识的一位行内大佬。大佬是典型的技术型人才，在这个专业领域内有非常高的地位，多次作为环太平洋多国会议的主席团成员做演讲。经过我的观察，他在演讲的时候，与他平时的工作状态是完全不一样的。

这位技术型人才出身工科专业，读书的时候被认为是一个怪才，性格特别内向，不擅长与别人交流。尽管现在他在业内备受尊重，但我们这些后辈跟他说话的时候，大佬仍然会下意识地转开目光，有时候还会下意识地摆弄手指。

这是年轻时内向的性格给他带来的影响。他参加会议也是来去匆匆，总是低着头贴着墙根走路，听他们内部的传言，大佬最讨厌别人莫名其妙冲上去跟他打招呼、套近乎。这种"社交恐惧"出现在一位大专家身上，反差真是太大了。

但是一站在演讲台上，他的举手投足立刻变得不一样。不仅眼神变得坚定，语气也诙谐幽默，讲话很有节奏感，可以条理清晰地将非常深奥的信息用通俗易懂的方式传达给所有人。大佬的讲座总是座无虚席，经常爆发出笑声和掌声。

我对此感到很好奇，一个人难道可以天生就有两面吗？通过跟他身边人的交流，我才知道，大佬在背后专门为演讲做过许多训练。

他读书的时候，就捧着TED演讲不撒手，他的硬盘里收集了许多精彩的演讲视频资料，经常一边看别人的演讲，一边揣摩对方的语速、表达方式和节奏。最开始为了做好完美的演讲，他可以准备一个月的时间，如果觉得自己的外语口语不够标准，就找专门的外语系学生来帮忙检查，这样反复练习至少三四十遍，才能上台。

一开始就是用这种笨办法不断练习，逐步建立起了适应演讲的思维后，他就可以信手拈来了。有时他甚至不需要准备，拿起资料就可以上台侃侃而谈。

业余时间，他还会收集很多当下的新闻来补充自己的素材库，保证自己可以随时抛出一个有趣的金句作为亮点，调动整个会场的情绪。

你看，这世界上并没有那么多天生就懂得演讲的人，也不是每

个人单靠个人魅力就可以征服观众，那我们可以通过不断的练习，来训练自己在演讲当中的思维和表达，让自己可以成为后天的演讲超能力者。

对那些信息较为复杂的演讲体系，我们在设计演讲的时候，需要进行大量准备。比如要先抓住主次要点，可以从大量的信息当中提炼出主题，根据重要性对主题相关的内容进行排序，将最重要的部分重点突出。又比如，我们需要对节奏进行设计，保证松弛有度，并隔一段时间就抛出亮点，让整个演讲过程都顺畅精彩。甚至有些时候，在大型演讲前，我们还要先进入场地进行提前沟通，根据流程做好准备。这么多信息和过程，经常会让我们感觉无从着手，那这种时候我就会用思维导图的方式来梳理自己的演讲内容，梳理整个过程，把可能用到的信息都总结好，写入导图当中，这样思考起来就会更加清晰，也更容易提炼出有节奏的演讲架构。

接下来我们就可以绘制一张演讲导图，大家可以看一下思考顺序。

1. 背景

那我们受邀去做演讲，主办方会提前将演讲的背景需求发给我们，通过对这些背景进行分析，并加入我们自己的思考，可以让我们提前"预构"出演讲会场的情况。

最基本的信息就是活动主题、场地、参与人数、时间、时长、参与对象。时长决定了我们要如何调控演讲的内容和节奏，而参与对象则决定我们要输出什么主题信息，才能更符合听众们的需求并吸引他们的注意力，而很多演讲是附属于某个活动的，那我们还要了解一下这个活动主题是什么。

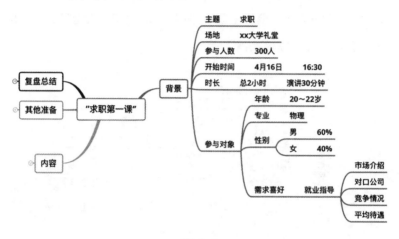

图 6-5

比如很多演讲是在大学的礼堂当中进行，邀请方来自大学的某个组织，面向的就是大学生，有些时候还会规定主题"职业规划"或"面试"等，这都限定了我们接下来要思考的演讲主题。如果不对受众和需求进行了解的话，你接下来要讲的内容很可能跑题，在现场就不容易引起听众们的共鸣。

有时，根据参与对象，我还会做一下演讲的受众画像。就像图中所表达的，我会对主要听众的年龄、性别、职业、喜好、受教育水平等进行一个分析，尽可能更加全面地预设演讲当天的情况。

2. 内容

对背景有了充分的调研之后，我们就可以开始提炼内容。一般来说，内容分支我会按照"整体—局部"的方式划分，在这个分类下的子主题分别是"演讲主题""演讲开头""第一部分""第二部分""第三部分""总结结尾"等。

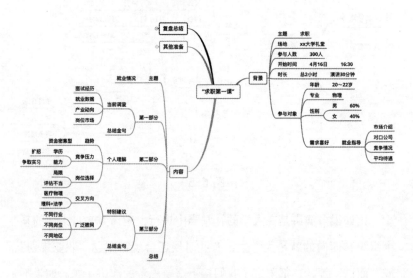

图 6-6

而不同的部分组成了整个演讲的主体，根据人们习惯的思维方式，我会把主体控制在 3 ~ 4 个部分，每个部分结束之后都会进行一个小的总结。因为人的大脑在思考别人论点的时候，短时间内接受 3 ~ 4 个是最舒服的状态，多了的话就特别容易遗忘。

而主体区分就按照重点来划。将最重点的内容放在第一部分介绍，次重点则放在第二部分，接下来是第三部分；有时也会按照时间顺序或结构顺序来讲，比如用首先、然后、最后等。

如果演讲的时间比较短，每个部分都控制在10分钟左右，我会在各个部分结束的时候安排一个金句或亮点，大多数时间里都作为总结而存在。在演讲中特别需要亮点，一方面可以帮助别人记忆你的演讲内容，另一方面也让人们直观感受到演讲的趣味性，不会因为过程太长而显得枯燥或分散注意力。金句也好，幽默的表达方式也好，这些都是可以调动观众注意、增强他们体会的演讲技巧。同时，针对结尾我也会多花一些心思，一般来讲结尾是最简洁短暂的，但也一定要对主题进行一个非常巧妙的总结，甚至是升华，让人感觉意犹未尽。我就会把自己思考的过程写在导图里，根据结尾提出几个点子，在真正设计演讲的时候再进行取舍。

3. 其他准备

很多演讲都需要进行附加准备。哪怕是在团队内部进行一次演讲分享，我们也要提前去会议室对投影仪等机器进行一下检查，还要拷贝好自己的演讲资料并试运行机器，这样才能避免在真正开始演讲的时候，因为硬件出现的问题而打乱我们的节奏。

之前我有一个同事，就在演讲之前忘记了带转换头，他使用的电脑不能直接连接到投影仪上，在场其他人也没有带电脑，就没有

立刻开始演讲。这短暂的打乱节奏的10分钟，就很大程度影响了
他接下来的表现。因此在演讲之前，我们一定要先去场地做好准备
工作。在思维导图中，就可以先把自己要做的事情都写好，进行一
个流程规划，这样等到演讲当天，只要按照你的导图规划一个个检
查，就不用担心自己会遗漏步骤了。

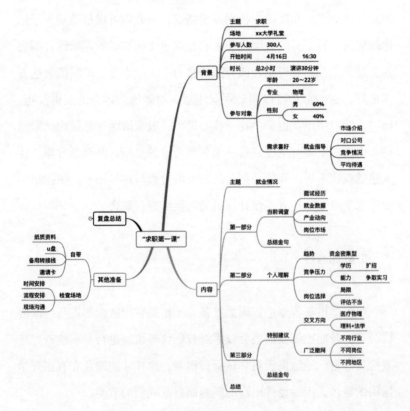

图 6-7

4. 复盘或总结

导图部分我也不是每次都会做，一般都是在比较重要的演讲结束后，我会把自己的感想或觉得可以改进的东西写下来。通过这种复盘和总结完善整张思维导图，这就是一次闭环的、完整的演讲记录。

下一次我在做演讲的时候，就会揣摩一下上次的总结要点，以做到改进和提升。

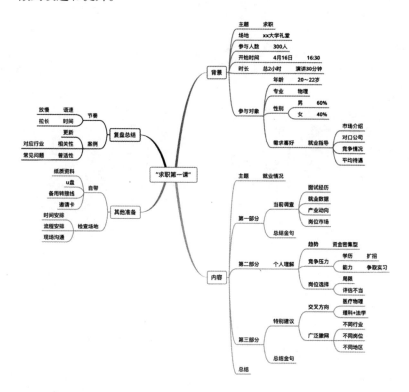

图 6-8

通过这种方式来准备演讲，不仅思路更加清晰，而且可以顺便梳理整个演讲的过程，让演讲流程也变得更安全，不容易出现纰漏。所以我建议大家，在做演讲之前先用一张思维导图来梳理和计划一下，你也能通过这种方式来缓解自己心中的紧张感。

时间轴绘制项目报告、年终总结

时间轴导图在工作和生活当中的运用非常频繁，在衡量一些工作进度或者做总结的时候，不管想参照什么来描述和排布那些信息，都不如按照时间排布更加清晰明了。

比如，你选择用"第一阶段""第二阶段"来描述自己的工作时，或许遵循着某个进度规律，但对于你需要沟通的对象来说，他们不一定能非常直观地意识到每个阶段意味着什么。但时间顺序不一样，所有人都对时间有认识，所以选择用时间来做参照物就一目了然，省去了你跟他们解释的过程。

在生活中时间轴的运用也非常频繁。当你打开那些大社交平台或视频网站的时候，就会发现他们大多都有一个"时间轴"功能，帮助你回溯自己过去所发表的动态和信息。这些社交平台最大的特点就是信息琐碎又繁杂，人们会在平台上分享自己的生活所得，也会分享自己的工作经验，会讨论家长里短，也可能讨论娱乐圈八卦。一个人的账户同样可以囊括许多信息，如何串联这些信息方便

用户寻找就变得非常困难。

在这种情况下，他们选择用时间轴的方式来呈现，做了所有信息的共同点——它们都在某个时间点出现。

尤其是针对项目报告和年终总结，这种对时间特别敏感的工作，我们更可以利用时间轴导图进行整理，丰富自己的报告或PPT，我相信这会比其他表现方法更加清晰有效。

类似的什么场合下，特别适合用时间轴来进行整理呢？

1. 有明确时间标记的过程

比如项目报告，一个项目在推行过程中，每个阶段都有起始日期，这就是明确的时间标记。我们在总结的时候使用时间轴来呈现，也会更加准确。年终总结也是如此，它的特点是对过去一年进行总结，"一年"本来就是时间范围，所以按照时间顺序来进行总结会看起来更加顺畅合理。

2. 特别繁杂的信息内容

就像前面所说，社交平台中发布的信息就特别繁杂，没有明确的种类、主题和特色，在这种情况下想更好地进行整理记录，通过时间轴的方式就可以更加简单。

3. 在时间范围内，信息均匀、丰富地呈现

时间太短暂的话，如果信息没有太多，就没必要用时间轴呈现，这种短暂是相对而言，如果一秒之内就可以完成多个过程，当然也可以细分为更短的时间单位来进行丰富呈现。

有些工作是集中在某个时段完成的，这就导致可以分的时间范围特别少，在某一时段又得集中呈现许多信息，这种情况绘制时间轴的话，不仅缺乏美感，也不利于我们大脑接收信息。

采用时间轴来表现的信息，大多都满足上面这几个要求。

下图就是一张根据时间轴来绘制的年度总结，在绘制过程中，我们可以从几个角度优化自己的时间轴。

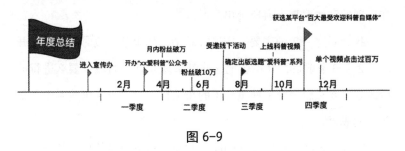

图 6-9

1. 时间轴的单位选择

我们在制定时间轴的时候，要根据自己的信息范畴来选择单位。如果你要做年度总结，把时间轴单位按"日"计算的话，就显得太精确了。没有人可以在一张图里看到你 365 天内每天都做了什

么，这会让我们的工作看起来过于繁杂，很难第一时间抓住重点，也很难直接看到你最重要的成果。所以进行项目报告也好，年度总结也罢，我们都要选择一个合适的时间单位，保证信息可以疏密有度地呈现，既不会显得过于细致而让人觉得烦琐、找不到重点，也不会过于笼统地概括，让人难以理解你的工作。

2. 时间轴的重点安排

说到了时间轴的单位选择，我们就不得不谈一谈重点安排了，选择用时间的顺序来呈现你的工作，并不代表就可以事无巨细全部按顺序排放在上面。正因为在时间轴上没有重点标记，我们才需要在呈现的时候对重点有所突出。

我会对这一年的主要工作进行总结，如果某一段时间内同时开展了 2 ~ 3 个项目，并不会把这些都呈现在这一时段，要么进行前后区分，要么就舍弃那些重合了的小项目，只重点突出我手中最重要的大成果。

因为，当我们在时间轴的同一时间点写下很多信息，就会分散人们的注意力，导致信息的重要性被稀释。如果这时候你恰好有一个非常重要的项目，就不那么突出了。或者你可以采用一些有效的突出办法来显示，比如在导图上用鲜艳的文字底色强调这个重点项目，也可以起到一定的区分作用。

3. 独立于时间轴的阶段标注

在我们举例的时间轴上，你会发现除了时间顺序，旁边还有一个阶段标注。这是因为有些工作虽然各自独立呈现，但组合起来后仍然有整体性，可能代表某阶段的目标或者是任务。在这种情况下，这些标注也可以在时间轴上单独体现出来，能够让人们更容易地理解。

比如在历史时间轴上，除了按照年份时间轴来呈现关键事件之外，还会根据时间轴的年代，再单独标注一个朝代阶段。这就是因为每个人对年份的认识不同，有些人对朝代信息更加敏感，通过单独标注，可以帮助所有人快速理解。

这是我所总结的几个在绘制时间轴导图中需要注意的问题，也是我们可以优化的地方。除此之外，绘制时间轴导图主要以清晰明了为主，并没有那么多的要求和固定框架，非常方便我们去使用。

求职时的思维导图技巧

你有没有经历过求职？

求职的过程不管对新人还是老手来说，都是一次严酷的考验。不仅要看透HR的套路，还要杀出重围，用实力和表现胜过其他竞争对手，在这种时刻，很多工作和学习上的经验都变得不再适用，如何在有限的时间内表现出最好的自己，反而成为我们需要临阵学习的东西。

很多人在求职之前都会看大量的资料，并进行套路化的训练，甚至模拟一些HR常见的问题，提前设置好答案，以保证自己在回答的时候可以不假思索地表现最完美的状态。但实际上，如果能总结出套路来，就意味着对套路化的答案，他们也已经听过很多遍了。就像英语考试当中的作文题目写作，如果所有人都用一个句式的话，批卷老师也会感觉如同审阅流水线产品那样烦躁和疲倦。

掌握应对面试的思维方法，掌握那些回答套路题的思考模式，可能比提前预设出答案更有用。如果你在面试的时候，能有好的思维方式来回答那些问题，就完全可以以不变应万变。

　　我记得很多人在面试的时候都会说到"群面"这个情况。为了观察和考验每个人在团队中的能力，群体面试当中最常见的就是由面试官抛出一个主题，根据这个预设的问题情境，由每一个小组进行思考和回答。在这种紧张的情况下，大多数人都只能围绕着这个主题进行表象思考。比如曾经有人说，面试官抛出的问题是："如果你是公司运输部的一个主管，突然接到电话，说运载着化学产品的车辆在路上发生了车祸侧翻，你该怎么处理？"

　　如果完全从表象思考，或许我们会回答"先救助同事，处理现场，检查化学品是否有泄露等危险，进行必要的上报流程"等。这些都是针对该案件的具体处理办法。

　　但如果你知道思维导图是如何发散的，如果掌握了之前介绍的"5Why分析法"，就可以在大脑中简单地进行一个推问：

　　从车辆侧翻出发，需要在处理完现场之后，排查公司司机的资料、健康状况和排班情况，以后需要进行更加科学的排班，以排除疲劳驾驶的可能，还需要定期给司机体检，保障他们在岗位上的健康状况。

　　从装载化学品出发，需要分析公司在运输的过程中有没有做好化学品的保护和分类，危险化学品在车祸等问题下能不能保障安全性，如果没有的话，该如何改进。

　　从车祸的意外出发，需要思考有没有这类意外的紧急处理预案，如果没有的话，是不是要改进流程，保障在下一次出现问题的时候，可以快速按规处理。

通过这三个方面的思考，原本表象的回答方式就会变得更加深入和全面，而且这都不是难想到的问题，只要你掌握了这种思维方法，就可以在面试的时候发挥自己的机智，赢得面试官的青睐。

而下面我们要介绍的导图则能教给大家，用什么方式来回答面试官的问题。在我们写简历的时候，就可以绘制这样的导图，通过多次训练，将这种导图结构烙入脑海，这样你在回答问题的时候，就可以快速提炼出来，按照我们绘制导图时的思维要点来进行回答。

如果不进行有意识的训练，不让思维导图在脑海中产生图像化记忆的话，我们在紧张时刻，可能很难立刻想起这些，就不一定能做出预想当中的完美回应。

这种囊括了"STAR法则"的思维导图，使用的办法主要就是多次训练、多次预演、多次记忆，与其说是为了记住每一次具体的问题和回答，不如说是在不断练习当中牢记这种思维方式。

如图所示：

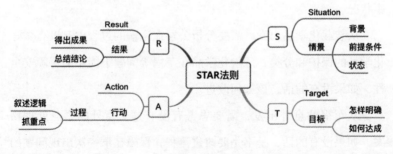

图 6-10

面试官询问问题时，往往是通过大家的简历出发。所以当我们在写简历的时候，不要以为把工作和活动经历写得很漂亮就足够了，面试官在看到你的成果时，不会只是关注你有多厉害，也不会只是肯定你的成果，他更好奇你是通过什么方式、在什么情况下得到了这些结果。

所以每一个成果信息都可能成为面试官询问你的问题来源，我们在绘制思维导图的时候，就可以把自己的某些工作或活动经历提炼成为导图的主题，对面试的问题回答做一个模拟，熟悉这种思维框架。

"STAR法则"就是教给我们一种有逻辑地剖析、解释这个主题的方式。围绕着这个中心主题，也就是你写在简历上的成果，用这一法则导图进行分析之后，你就知道自己该怎么描述这段经历了。

"S"代表"Situation"（情景），也就是解释你的工作成果在什么情况和背景下发生的。

"T"代表"Target"（目标），在这一背景下，你如何明确自己的目标，或者说准备达成什么目标。

"A"代表"Action"（行动），根据这个目标，你采取了怎样的行动，又是如何实施的。

"R"代表"Result"（结果），也就是最终你达到了什么结果，得出了什么结论。

当然，在描述之前，我们先要强调一下自己的最终成果，在某

种意义上也就是先总结提炼了"R"这个分支，再按照我们所说的顺序进行呈现。这可以帮助我们将一个成果用非常清晰的逻辑描述下来，让对方明白你到底做了什么、怎么做的，从而讲述好自己的故事。

通过这些思维导图的训练，一方面可以帮助我们预设面试场景，另一方面也是更重要的地方，就是可以帮助我们训练这种阐述问题的方式，让自己可以用更有逻辑、有条理的方法来说服别人，在面试场合提升自己的赢面。

加强思维管理，
提高生活质量

可以用思维导图来管理工作，更可以用思维导图来管理生活。在生活的任何领域，你都可以选择使用思维导图。只有惯于将思维导图用在任何地方，才能真正将这个概念融会贯通。利用思维导图来让思维高效，我们的生活质量也能得到提升。

用思维导图来整理笔记

尽管现在我已经脱离了学校，但外出听讲座或读书等，仍然是另一种方式的学习和上课。所以在学习场景下，也难免需要记录笔记。

去年我在欧洲参加一次行业内的分享交流会议。这次活动的参会者都在业界鼎鼎有名，要分享的内容也都是当下最前沿的信息，非常值得一听。为了这次会议，我特意准备了录音笔，专门用来录下别人的演讲，以便回国之后可以反复听和学。在别人演讲的时候，我会花很多时间去专心听他们所介绍的内容重点，然后选择用思维导图的办法将信息都整理还原成体系，最终每一次演讲都被整理成一张清晰的思维导图。

我认为这也适合我们在上课的时候使用，在记录课堂笔记的时候，也随手画一张导图，可以始终帮助我们梳理思维，跟上老师的思路，也可以让你更清楚自己在这堂课到底学了什么主题，不同信息彼此之间有什么关系，激发我们的整体性思索，可以把所有的知

识都串联起来进行记忆。

所以用导图来整理笔记是生活中一个非常好用的办法。

在学生时代，我有一些特别努力的朋友，但他们在学习上投入的时间，好像并没有得到特别高效的转化。虽然比别人更用心，花费的时间也更多，成绩上并没有看出任何提升。

我仔细观察了一下他们的笔记，发现这些朋友在记笔记的时候也特别用心，他们的笔记永远比别人更厚实，里面密密麻麻写满了课本上的重点、上课老师讲的信息。

有一个朋友的情况最典型，她习惯把笔记记录在课本的相关位置，不同的内容就用不同颜色的笔来区分。结果一堂课上完，课本的这一页就被她写得密密麻麻，甚至连原本印刷的文章缝隙里都写满了字，仔细一看，还有老师上课时随口给大家扩展的知识点甚至是科普。

"你不会是把老师讲的话全都记下来了吧？"

"当然啊！"朋友这样回答我。

其实这完全没有必要，在上课的时候，老师为了方便学生们消化理解，并不会时时刻刻都在传授新的知识或观点，在新观点抛出来之后，必然会留下足够的空间让学生们进行练习思考，所以我们只要记录老师们每次说出的新观点和新知识就可以。

会学习的人懂得分辨老师的话语中哪些是重点，哪些是难点，哪些是自己已经消化了，不必再记在笔记上的，哪些是可以补充的扩展信息。

只有不会学习的人，才会将上课时听到的所有信息全都写下来，因为他们缺乏对信息筛选的能力。但这只会加大我们的负担，而且过于繁杂的信息出现在眼前，还容易淹没那些重点内容。

在做笔记的时候画一张思维导图，可以专门用来克制这个问题。因为导图的每个分支字数有限，为了方便记忆和理解，我们要尽量选择用关键词，而不是短语或句子来记录。这就是一个整理提炼的过程，当我们在画导图的时候，就先对老师或演讲者的信息进行了一次筛选提炼，寻找里面的重点。

所以画一张思维导图，就是在提炼课堂中最重要的信息，这促使我们不断去思考、理解，自然而然就从不聪明的学习办法当中解脱了出来。

当我们在课堂上绘制学习笔记导图的时候，可以遵循下面几个原则来进行：

1. 一边学习，一边绘制导图，而不是在记录完笔记、上完课之后再单独画一张思维导图。因为很多思考是我们身处于那个场景下才会产生的，而思维导图就是为了帮助我们在听课的时候能快速消化、理解和记忆，如果你在听课的时候不记录，只知道埋头写笔记，就失去了这样一个调动自己大脑去思考整理的过程，以后再复盘可能会产生一些新的疑惑，不能当场解决。

所以最好的办法就是一边学习，一边绘制思维导图，在需要动脑的课堂上，深入与知识的互动。

2. 提炼关键词，学会缩句。如果你不知道如何对笔记内容进行

取舍，不知道怎么提炼自己笔记当中的重点，那用思维导图就对了。一开始很多人可能都不能非常熟练地选取出关键词来，难免会选择用短语或句子来补充记录，以免自己在以后回顾的时候误解所要呈现的内容。在一开始出现这些问题不要紧，我们只要有意识地去进行缩句和删减练习，画上几张思维导图之后，就会越来越熟练、越来越懂得用几个关键词来代替一整串文字。

这除了能在记录的时候，显得更加清晰，对我们的大脑记忆也有一定好处。因为你只需要记下这几个关键词，就可以联想到整个知识点，这相当于将更多的信息压缩为了一个关键词"钥匙"。当思维导图上全都是这些"钥匙"的时候，就意味着你这张导图能记下更丰富的内容。

3.不仅要记录老师或主讲人的想法，也要记录自己的。思维导图是非常利于我们去发散联想的一种表现形式，在画导图的时候，虽然你是在记录老师或主讲人的想法，但也一定会通过自己的联想而产生新的点子。这时候这些新点子是否可以呈现在导图中呢？当然了，你可以在老师的想法下写一个子主题，将你联想的内容放在这个分支上。这能帮助我们捕捉很多灵感，也真正实现了在课堂上思考的要求。很多时候我们的灵感就是这样一闪而过，如果你现在不记下来，以后就很难再捕捉到了。

4.对在某方面进行深入学习的人来说，想在课堂上消化所有信息是不现实的，所以不要让自己停留在某个节点，陷入过度思考中。我曾经就犯过这方面的错误，上课的时候突然卡在了某个地方，想不明白，于是接下来所有时间我都在琢磨这个问题，反而错过了更多内容。所以不管是听课也好，还是用导图来做笔记也好，对于你没听懂的内容，千万不要在这里过度纠缠。你可以在思维导图的这个分支打一个问号，并留下空白的区域方便自己在后期思考和补充，然后跟随主讲人或老师的脚步，继续听和记录接下来的内容。通常是我们有了整体性认识，反而能反哺于对这个分支的理解，在学完一整堂课之后，才会明白你当时卡住的问题到底该如何解决。

我认为用思维导图的办法来记笔记，比普通笔记更方便理解和记忆，而这两点正是我们记笔记的时候需要的。

思维导图帮你列论文大纲

我读研究生的时候，经常有朋友跟我说，自己平时写东西还挺快的，但一到了写论文就变得特别艰难。

"脑子里一片空白，下笔的时候根本不知道从何写起。"

"要么就是没得写，要么就是觉得东西太多了，什么都想写，但是篇幅还不够。"

"老板总是说我的论文没有主题，就像是对实验信息的无脑罗列，看着摸不着头脑。"

"光是因为结构问题就被退回来三次，改来改去，到最后我自己都改糊涂了。"

尤其是最后一个问题，当你第1次交上论文的时候，还信心满满，等改到第N次的时候，根本不知道这个删删改改、东添西凑的文章到底遵循了什么逻辑。

为什么会有这样的思想变化呢？除了我们在不断修改论文的过程中，自信心被打击到，导致自我认同感下降，开始怀疑自己的成果之外，另一个重要的原因就是，论文不断修改的过程，就是不断打破你原本设计的目录逻辑，而新生成的文章逻辑你又没有进行明确的梳理，直接导致"连自己都看不懂自己的论文了"。

学习某些课程的痛点也跟这个很相似，很多人在学到后面的时候，因为自己的想法在不断变化，学到的知识越来越复杂，如果没有一个合理明确的大纲指引，会觉得脑海中的信息特别混乱，缺乏一个明确的体系。

在这两种情况下，都特别适合我们用思维导图来整理或总结一个大纲。写论文的时候，如果能有一个导图大纲，一则我们可以理清自己的思路，二则，你修改论文的过程也是在不断调整导图的过程，相当于把思路变化全都体现在自己的思维导图里，始终都有明确的大纲来指引自己，就不会变得糊涂。

而且，在撰写论文之前，你先用思维导图整理一下自己的思路，从这时候起就开始绘制大纲导图，你就会发现自己原本无从着手的问题，通过导图的帮助可以大大消减。

思路一旦清晰，就明确自己该写什么，不会觉得下笔艰难。

下面来看一下怎样整理自己的论文大纲导图：

首先，第一个一级分支代表我们要确立一个文章主题，也就是你所要写的内容核心。不同类型的论文有不同要求，当你要写综述型论文的时候，主题往往更大而广，是尽可能全面地对某个新行业或技术进行概括整理和介绍；当你要写毕业论文的时候，需要尽可能地体现你自己在学业生涯当中所做的重点项目；当你要向其他论

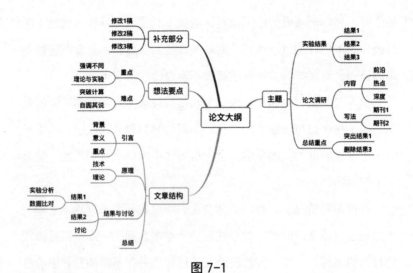

图 7-1

文杂志投稿的时候，则一定要把你自己研究当中的亮点和重点摆出来，突出你某一项工作的重要性。

有的论文主题要求内容更全面，有的内容主题却要求专注于新颖、重要的信息。前者重在总结整理，后者则需要我们精简和筛选，只留下自己工作中的精华部分。

所以在确定主题的时候，要根据你撰写的论文类型、要求等来确定，最好的办法是多阅读同类杂志的同类文章，抓住这些文章的共同点，根据它们的特色来参考建立自己的文章主题。

主题的建立可以通过发散、比较、提炼等方式，把自己的想法都写下来，最终总结出一个可行的、好的标题。在这个环节花费多少时间都是值得的，因为当你定下了文章基调之后，接下来才会变得更顺利。

然后，第二个一级分支就是建立文章的结构。不管是我写论文也好，还是其他人也罢，大多数人都认可"写论文就是先写目录"，其实改成另一种表达，就是写论文应先确定结构，知道每一部分该写什么，才好动笔。

所以我们要先建立文章结构，再对论文进行撰写。每个行业的论文都有自己常见的文章结构，不同杂志的风格也导致他们青睐的结构不同，我们可以根据自己的需求先收集和参考一些资料，然后结合自己的工作，对你的论文内容进行拆分，建立一个合理的结构。

比如我的这篇论文在撰写的时候，结构就是"引言""原理""结果与讨论""结论"，其中大结构又包含了不同的小分支，这就是我所在行业的科技类论文常见的组成结构。

原本一篇论文要写几千字，你可能会觉得无从着手，但根据结构层层剥离，拆分下来每一部分只需要写几百字，还有各自的主题，在这种情况下，你还不知道该怎么写吗？这就变得很容易了吧。

在建立文章结构之后，第三个一级分支就是罗列你的想法要点。在有了结构之后，怎样将每一个分支下的信息写得有亮点、有重点、能够吸引别人的目标，并提升你这篇论文的价值，这需要我们仔细去思考和提炼。所以这一个分支主要是我们对自己工作的一个发散联想，你觉得哪些工作是重要的，你觉得哪些信息可以写下

来，这些点之间有没有什么关联关系，能不能进行归纳总结……这些问题我们都可以思考。

在这个分支写下自己想法的时候，可以少一些规矩和要求，多去联想，自由发散，我们要的就是通过思维的碰撞找出自己之前没有注意到的关键点，提炼出整篇论文最精彩的内容和信息。

而第四个分支是补充部分。在前面三个分支都做完之后，我们应该对一篇论文的大纲有了自己的认识，完全可以依照大纲来开始写论文了。第四个分支就在写论文的过程或结束之后，你在撰写的时候，可能还会补充一些新的想法和内容，或者产生对论文撰写的一些总结认识，都可以写下来作为经验，下一次的时候可以进行参考。

而且大多数论文都不是一蹴而就的，需要反复思量和探讨，甚至要修改几次、十几次，这个过程都会让我们改动最开始的思路，当有新想法的时候，你就可以补充在这个分支。

同样，如果你的论文大纲在修改过程中改动了，也要把新的大纲体现在思维导图里，这样我们才始终记得自己到底写了什么，不会混淆信息。

通过这种方式，可以把我们在写论文之前列大纲的思维过程进行梳理，确保自己不会因为没有思路而耽误论文的进展。

规划更清楚的购物清单

前一阵，一个姑娘问我："购物的时候总是丢三落四怎么办？"

说实话我很诧异，购物怎么还会丢三落四呢？我每次去购物中心或者超市，其实想要买的东西都不太多，所以心里记得很清楚。我想，应该也没有什么人连这些都记不清吧。

结果姑娘发过来了自己的购物清单，我一看，简直没被吓坏了，这真不是一个代购吗？原来，这姑娘在免税店一次就购买了将近几十样产品，仅仅是口红就有二十几支。

她告诉我，这些都是帮朋友带的，还有自己的囤货。女生的购物能力实在是不能小觑，免税店几乎都被这些姑娘们买空了，这也导致大家在购物的时候出现了新的麻烦，"有的柜台断货了，所以这些东西没法买，但是有的却可以买到。可数量太多了，我就经常记错，把能买到的记成了断货。"姑娘说。

还有的东西虽然列在单子后面，可能一开始就能看到，这样的货买了之后最好划掉。不过，在手机清单上太不容易操作了，要换

成纸质清单，又担心丢了或者不方便。

这个姑娘的购物习惯已经非常不错，因为她知道自己买的东西很多时，要列一个购物清单，而不是想到什么买什么，很多人在买东西的时候之所以丢三落四，是因为连清单都不列，完全挑战自己的记忆极限。

让我们来看看可能出现的家庭采购对话：

"你要去超市啊？记得买一些沙拉酱和菜，还有那个小超市门口的快递也该拿了，等一下我把取件码发给你。"

"那你要买什么菜呀？"

"我想想，家里的土豆快吃完了，再买点茄子和青椒，加两个菜花和一斤五花肉吧！"

"还要别的吗？"

"要是你还有空的话，就去文具区逛逛，孩子的作业本现在快用完了。"

于是，担负着家庭采购重任的人一边在心里不断重复念叨着"土豆茄子青椒……"一边出门了。但从家里到超市的这段距离，足以让他遗忘其中的某一两件事情。

"你怎么没把快递拿回来啊，不是给你发了取件码了吗？"

"哎呀，我忘了！"

如果是我们的话，一下要记住这么多零碎的信息，还是在对话过程中一点一点透露的，也很容易出现这种问题。当关注点都放在了后面要采购的东西时，前面说了什么就很难想清楚了。

　　而且这会让购物的过程变得特别疲惫，原本是轻松采购，现在却变成了记忆大师挑战。

　　这该怎么办？就像前面那个女孩一样，养成记录购物清单的习惯非常重要。可使用清单也同样会产生一些问题，比如女孩需要买很多东西时，如果仅仅记录在清单上，可能会显得信息繁杂、采购路线不合理导致浪费时间等。

　　所以我的建议是，按照思维导图的方式分门别类进行整理。这张导图不一定需要写出来，日常采购时，你只需要在大脑中利用导图的形式串联自己所买的所有东西就可以，好处是可以帮助我们更加轻易地进行记忆，一下子将所有需要都记住。

　　比如我要进行食品采购的时候，可能会在脑海中按照门类绘制一张这样的导图：

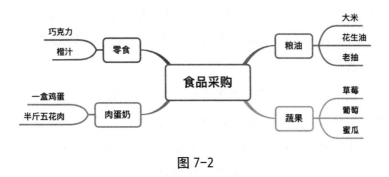

图 7-2

　　我的思维导图在采购的时候会按照不同方面的需求进行一级分支分类。哪怕只是一次食品采购，也可以分为粮油、蔬果、肉蛋奶、零食等多个分支。分门别类的整理办法，除了能让我们的采购

需求变得更加清晰之外，还有一个附加好处，就是各个商店的物品摆放往往也是分类的，每一个类别放在同一区域，当我们进行分类以后，可以走到哪个区域就买齐所有需要的东西，这样采购过程就变得非常简单，不会跑来跑去浪费时间。

然后在分支之下记录自己需要买的东西。有时候你的记录可以按照一定规则来，比如我想买蔬果的时候，同样是"青椒""茄子""土豆"，但这三样物品不是单独分立的，是因为想要炒地三鲜才买这些蔬菜，就直接用"地三鲜"作为一个上级分支进行总结管理。

为什么很多人说，不常做家务的人出去买菜就特别容易出纰漏？其实并不是因为他们连买东西都不会，而是因为他们对家庭需求的关系不是特别熟悉，对一个不常做菜的人来说，他脑海中记忆的采购信息都是分立的，茄子就是茄子，青椒就是青椒；对经常掌厨的人而言，他们在看到蔬菜肉蛋的时候，脑海中出现的都是下一顿要做什么、需要什么食材。

这种规则对零碎的信息进行了管理。我们在采购其他东西的时候，也可以想到这些规则帮助自己快速记忆，以免遗漏什么。同样，不管是写在纸上，还是记录在脑中，当我买到自己规划的东西之后，就会将这个信息在思维导图上去掉。这样去掉之后的对比也很清晰，方便你查看到底还有什么东西没有买到。

选择在脑海中也以导图形式来呈现这些信息，就可以把零碎的信息都串联起来，甚至形成图片式记忆。不过对我来说，最简单的办法还是写下来，只要是能把信息存储在其他地方、解放大脑的事情，都值得我们去做和尝试。

真正高效的人懂得清空大脑不必要的压力，在任何时候学会"偷懒"。尤其是大采购的话，完全可以绘制一张实体的思维导图，也可以选择用加载的 App 来画导图，完全可以解放你的双手和脑子。

饮食安排的导图模式

我特别喜欢看网络上一些生活类博主对自己三餐的分享。现在很多年轻人的生活压力很大，平时就算有时间和精力也很少放在自己的三餐上，经常到了饭点，随便买点东西，匆匆吃掉就完了。

就算有心情准备一道大餐，也基本上完全按照自己的喜好，尤其爱选择火锅、烤肉之类的。所以大家看到生活类博主可以把一日三餐安排得这么好，荤素搭配、营养丰富，就纷纷表达出羡慕的意思。

一种经常出现在评论区的高赞回答是这样的："你是怎么做到一个星期内吃饭不重样的？我连接下来那顿饭要吃什么都决定不了。"这立刻引发了很多人的共鸣。我也想到自己读大学的时候，每天在学校的食堂犹豫不知道该吃什么好，所以发现什么好吃的店铺就能吃上一个多月，一直吃到自己腻烦为止。其中有一家炒饭店让我创下了自己人生的记录，我在两个半月的时间里，每天中午都吃他们家的一份经典炒饭。

在这种情况下，别说什么营养搭配、荤素均衡，就连基本的饮食丰富度都不能保证。一方面是因为我们在吃饭这件事上常犯"选择恐惧"，一到饭点就不知道自己该吃什么；另一方面则是，如果不进行专门设计、搭配，很难有人完全按照营养配比来安排自己的一日三餐。

后来我发现，很多崇尚健康饮食、健身减肥的博主，都会提前规划好自己的一日三餐，安排好每天吃什么、怎么搭配。一般来讲一个星期就是一周期，在这一周期之前先把一星期内要吃的食物都进行一个大致安排，提前想好下个星期的"菜谱"，到了饭点直接安排。

对同样想按照膳食结构搭配三餐、合理安排自己的饮食，做到"好好生活，好好吃饭"的朋友来讲，画一张这样的营养餐安排导图，不仅有趣，也可以解决我们不知道该吃什么的苦恼。

很多人能保持健康规律的生活状态，并不是因为他们天生就比别人更自律、更懂得按节奏安排事务，而是他们通过各种方式来提示自己"该做什么"。

早睡早起的人或许比你多定了一个睡眠闹钟，在每天晚上想不起来上床睡觉的时候，闹钟会提醒他们遵循这种规律；工作安排很有条理的人，或许比你多写了一份日程清单，当你还在苦恼接下来该做哪件事的时候，他们只要按照规划一样样执行就可以了；那些一日三餐搭配均衡的生活博主，也一定遵循着某种规律来安排自己的饮食，他们绝对在生活当中用心过，才能过出和别人不一样的状态。

工作需要用心，生活也是。有段时间我因为工作太忙了，对自己的生活毫无规划，不仅日夜颠倒，而且经常三餐不定，饿的时候

就用各种垃圾食品或宵夜来满足需求。这样持续了大概半个月，不仅脸色很差，身体状态也不好，还导致激素分泌失衡。

像我们在前面介绍"平衡人生的思维导图"时所说的那样，工作只是组成我们生活的一部分，但不是全部。对待自己的身体健康也应该像工作一样用心，忽视生活，就是忽视我们自己的需求。

从那以后我就有意识地去建立某种生活规律，每天的一日三餐也是如此，如果发愁自己不知道每天该吃什么，就会提前写一张可以遵循的一周饮食搭配，哪怕不按照这上面的三餐来执行，也会尽量依照它所呈现的饮食结构来搭配我的食物。

这种思维导图既要提供一定的参考性，让我们在不知道该吃什么的时候拿来就可以用，也要提供一些灵活性，让自己在想吃什么的时候可以相对自由地选择。

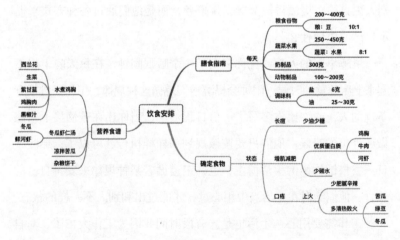

图 7-3

设计自己的一日三餐，并不一定要按照这张导图来进行，我们只是通过这张图来思考可能搭配的办法。

第一个一级分支"膳食指南"是固定的，参考中国居民膳食宝塔，结合自己每天代谢的热量基础进行能量水平的预估，然后对每天需要摄入的食物进行分配和记录。通过这个分支，可以确定我每天摄入的食物量和能量是多少，方便接下来进行膳食搭配。

第二个一级分支"确定食物"是对接下来一周或者更长周期内建议食用的食品类别进行分析。这里我参考了一些营养学书籍，发现一个人在不同的身体状况、工作需求、年龄阶段下，一日三餐的安排都要有不同侧重点。如果患有某些慢性疾病或经常受到某些问题的困扰，像脂肪肝、高血脂、贫血、低血压等情况，就需要侧重不同方面的饮食，以确保良好的生活习惯让自己恢复健康；有的人经常在外面应酬，长时间如此就容易伤胃伤肝，甚至拖垮身体，安排饮食的时候也要注意，同时对饮酒量做出一定限制；还有一些有减脂塑形、孕期保养等特殊需求等人，在这些阶段也要进行一定调整。

所以每一段时期，我们需要的饮食安排都是不一样的。每当我发现自己的生活状态有所改变，需要通过调整饮食来加以配合时，就会在这个分支进行分析。

确定了推荐的食物之后，就可以进入第三个一级分支"一周食谱"。我认为在周末时适当安排一周的食谱是一个比较舒服的周期，也方便我们在生活和工作之间平衡，不会让这件事给自己带来

太大麻烦。根据前面两个分支的食物推荐和安排，我会先进行大致的每日食物安排，然后再推荐几个可以选择的菜。

这提供了一定的自由选择空间，让我们可以根据自己的口味来进行调整，也不一定完全按照我所规划的日期来进行，在操作的时候仍然有很大的选择性。

这种规划除了让自己在吃饭的时候不再茫然之外，还给我带来一个好处，就是除了在食堂吃饭外，为了尽可能满足我自己的食谱安排，我就会创造机会在家做菜。这大大减少了外出胡吃海喝的概率，不仅省钱，还很健康。

规律的生活能让我们快速步入正轨，告别敷衍糊弄自己的日子。只有重视健康，我们的健康才能始终陪伴自己。

活动安排很烦琐？用思维导图规划

　　我曾经加入过一个在全国许多校园内都有分部的社团组织。平心而论，这个社团的确给我提供了很多珍贵的社会活动经历，除了社团内部自行组织的活动之外，还可以得到来自背后赞助集团提供的实习经验。

　　这类型的社团在很多大学内都有，对于参与其中对学生来讲，是非常好的从学校到社会的衔接机会。因为社团所承办的活动必须由学生们自行举办、安排，承办一个活动项目对很多大学生来说都是一次难得的历练，也是可以写入履历的精彩经验。

　　而真正办过活动，你才会发现，整个流程非常烦琐，从设计阶段到执行阶段，往往会出现很多意料之外的问题，能完整将自己的预想转化为现场活动的并不多，很多人因为缺乏对风险的预知、缺乏对整个活动的规划，常常在中途面临自己无法解决的问题，不得不对活动进行大改乃至中断。

　　所以在举办活动之前的准备阶段，尽可能全面地安排好整个流

程，将活动所需信息以及需要注意的问题都记录下来，并做好风险预防，都是非常必要的。

准备阶段的工作，需要我们理清自己的思路，一旦遇到这种时刻，我都会选择用思维导图，最大限度激发左右脑的联动思考能力，让自己最大限度发挥逻辑性和创造力，对即将要开展的活动进行更加完善的规划。

以一个简单的活动导图作为例子，我们可以看一下如何对社团活动、家庭聚会或者部门活动等进行规划。

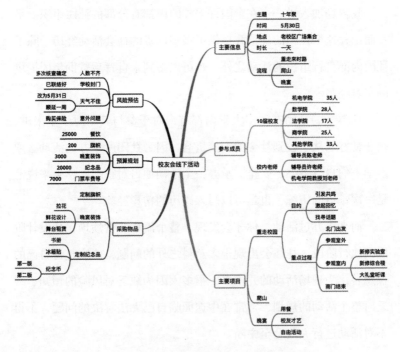

图 7-4

254

1. 确定主要信息

不管是家庭活动也好，部门聚会也罢，抑或社团及社会组织的活动，我们都要确定自己要做什么、围绕什么主题进行。

主要信息包括多个方面，通常来讲就是我们通知参与者的必要信息，比如活动的主题是什么、什么时候在哪里举办、大致要持续多久、可能的流程有没有确定。

这些都是一个活动的主要信息，是我们在确定举办活动之后，必须让所有参与者都知道的事。在制定的过程中，需要思考这些日期和时间点的选择有没有跟其他事项冲突，比如部门聚餐的日子，如果选在项目即将结题的时候，恐怕就是一个并不明智的通知了。

2. 确定参与成员

如果我们的目标是为了让大家在活动当中增进感情，或是获取到某些知识与信息，对参与成员进行分析非常重要。每个人都有自己的不同喜好，想要增进感情，就必须让接下来的活动设计得到参与者的认可，想给参与者们提供一些重要信息，就必须知道他们当前的主要需求是什么。

比如，如果你想举办一次部门聚餐，至少要对参加的同事喜好进行简单了解，是不是有人不喜欢吃辣、爱不爱吃西餐、家庭住址距离聚餐地点的远近等。未必需要面面俱到，但一些我们本就知道

的信息，如果能考虑到的话，就能让他们感受到主办者的贴心。

又或者，如果你想举办一次毕业生就业交流活动，根据这个主题就必须要抓住受众的需求，多给他们分享一些就业和求职的经验信息，才能得到大家的认可。

3. 确定主要项目

如果是业余放松型的活动，比如家庭聚会、搬家庆祝会甚至是部门聚餐之后的放松时间，在安排主要项目的时候，都要注重娱乐性。

好的娱乐项目能够调节整体气氛，让大家的情绪达到最高点，成为你举办的活动里难以遗忘的亮点，真正实现拉近关系和情感交流的目的，而不恰当的娱乐项目反而会弄巧成拙，甚至可能招来别人的误会和厌烦。因此在制定娱乐项目的时候，符合大家的需求、能促进交流、激发情绪很重要，同时千万不要踩到大家的底线雷点，导致原本的好心安排造成不欢而散的结果。

4. 采购物品

如果不是在外举办活动，不能由店家来提供场地的话，我们还需要自己采购一些食物、饮料以及必要的场地装饰，这些采购内容看起来好像很容易，而真正统计起来才发现非常烦琐，如果想要买全所有需要的东西，一定要提前进行规划，确定好要买的类别和数量、尺寸。只有预先有了计划，我们才可以更轻松地完成活动采购，不至于出现丢三落四的情况。

5. 预算规划

不管是什么活动，都是在有限预算之下进行的，所以在规划完这些活动内容、需要采购的物品之后，我们还要计算一下自己的预算，看看在每个项目上可以规划多少钱。

这种预算规划非常重要，很多活动之所以不能顺畅推进，就是在中间出现了预算问题，一旦某一项预算超标，而整体的资金又比较紧张，就必然面临两难的抉择。最好的办法是留下一定预算余地，作为风险备用金，将其他的资金进行合理安排。

6. 风险预估

有些活动在执行的时候，可能会面临一些不确定因素，而这些因素我们提前可以有所考虑，通过写下来进行分析，如果真的面临这样的风险，可以怎样更改和调整自己的活动。

通过这样的导图规划，你不仅可以承办几个人的小活动，也可以逐渐规划规模更大的活动。原本烦琐的过程和容易被遗漏的问题，用思维导图一梳理就变得清晰很多，相信一定会对你有所帮助。

一个不一样的旅行计划

　　舒适的旅行有时并不是一件说走就走的事。

　　这里不得不提起我一位朋友的糗事。他在看了几篇网上攻略之后，决定穷游斯里兰卡，信誓旦旦告诉我他已经有了足够的了解和准备，绝对没有问题。

　　在他的穷游规划里，整个斯里兰卡之行都要尽量乘坐公共交通，这原本没什么太大问题，但真到了当地之后，他才发现自己遗漏了一个重要前提：斯里兰卡的公交车都没有车门。

　　当他们开在山间小路上时，没有车门的公交呼啸而过，里面的人只能紧紧地扶着把手。当地人对此都习以为常，但我朋友之前可没见识过这种场景，在路过一个峭壁弯道的时候，当即吓得不轻。

　　旅行的时候我们不仅要规划景点，设计交通路线，进行资金预算，甚至还需要了解当地的风土人情、普通人的生活习惯，以及打招呼的方式。每个地区的文化都不一样，有时候你认为是热情的打招呼方式，可能在当地人眼里就是一种非常不礼貌的态度。

　　这个世界上有许多我们不了解的文化，也有很多没去过的地方和没体验过的生活方式，去自己不了解的国家旅行，必须要尽量做好细致的规划和准备，才能保障自己在当地遇到麻烦的时候可以尽快找到方式解决。

　　哪怕是在国内旅行，我们也不能拎着行李箱带着钱，说走就走，你也要关注当地的天气、温度变化，也要提前查阅不同的景点攻略，最好是安排好自己的大致路线，才能让旅行的每一刻都不被浪费。所以我一直都觉得，在旅行之前进行多细致的准备，就代表旅行的时候有多舒适的享受。

　　每个人的旅行需求都不一样，在查阅了别人的攻略并进行自己的旅游规划时，我会选择用思维导图来进行呈现。

　　用导图来做旅行规划可以有很多种表现形式，具体根据大家自己的需求来制定，下面我只介绍一种我经常用的导图框架。

1.行李准备

　　尤其是在进行长途旅行的时候，如果不准备好充足的行李，保障自己可以应对一些意外事件，就可能在旅行地陷入苦恼。

　　行李的准备可以分好几个方面，对我来说主要是资料票据和行李箱整理。比如，如果是出国旅行，一定要带好自己的护照，如果是商务出国还要带好相关邀请函；如果是公务旅行，可能需要带一些证明材料，或者到了当地需要递交的证件等。哪怕是正常旅行，

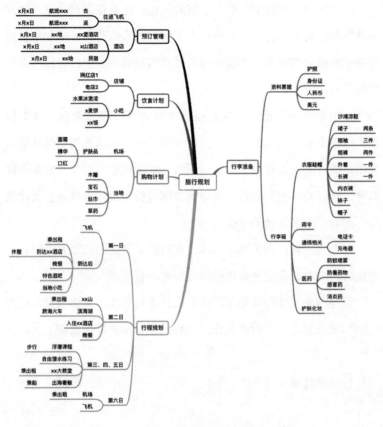

图 7-5

我也会把提前打印好的机票车票、纸币零钱、身份证等相对重要的
随身物品单独进行记录和整理。

　　没有规划行程最多就是在旅行时浪费点时间，行李箱里少带两
件衣服或其他用品最多就是造成某些不便，但如果这些重要的资料

票据没有带，很有可能让我们徒劳而返，直接影响自己的旅行计划。

接下来就是对行李箱进行整理。要带什么东西会根据提前做好的功课来进行总结。根据不同的天气情况，可能需要带雨伞、外套、拖鞋之类；根据自己的行程需要，可能要带移动电源、当地电话卡、自带食物等。有时如果有一些特殊的社会需要，也会提前购买好所需物品。

这种分门别类的整理方式可以让我们在整理行李的时候更有条理，知道自己要带什么，不至于在专注整理其他东西时遗漏重要细节。

2. 行程规划

一般来说，多日旅行我会按照时间来进行行程规划。每天的时间规划里，除了确定自己要去哪些地点、进行什么活动之外，也会考虑到使用什么交通工具。有些人习惯将交通这一栏单独列出，但我认为除了往返于目标地的交通之外，行程之间的衔接交通也很重要，而这样琐碎的信息，最好还是结合行程规划来展现，以时间顺序进行安排，会更加清晰。

这也方便计算我们在不同行程下所要耗费的时间。旅行规划时不仅要进行合理的资金分配，时间安排也特别重要，太松散的时间安排会让我们在旅行的时候觉得缺乏趣味性，但太紧张的时间安排则会让自己很难专心享受旅游的快乐。

预留出一定时间宽松度之后，进行合理的安排，能大大提升旅行的感受。

3. 购物计划

出去旅游总要买一些当地有特色的伴手礼，既可以作为纪念，也可以送给亲戚朋友。除此之外，有些旅游胜地也是购物胜地，在当地可以以更低廉的价格买到更全、更好的商品，这就让购物的流程变得更加重要。

为什么一定要做购物计划？一方面是能记清楚自己要买什么，另一方面则是提醒自己不要多买什么。我经常听到长辈们吐槽，去旅游的时候该买的东西忘了买，在当地销售的推销下，倒是稀里糊涂买了很多不想要的。

这就是没有提前计划的表现，如果我们提前记好自己要买些什么物品，就可以避免以上两种情况的发生。

4. 饮食计划

出去旅行不仅为了游山玩水，有时也为了享受当地美食。当地有什么特色的美食、有什么你心心念念想要品尝的食物、有没有想要打卡的知名店铺，都可以写在自己的饮食计划里，这样到目的地之后就可以直奔目标，避免自己在旅途过程中遗漏什么美食，造成遗憾。

5. 预订管理

如果是在旺季去一些知名的旅游景点，你会发现说走就走，根本不可能实现，一则买不到火车或机票，二则订不到当地酒店的空房间。所以旅行之前，早早开始查看酒店、机票或车票很重要，只要符合你的规划，就可以预订。将自己已经预订的酒店和机票信息写在这一分支当中，能更清晰地记录你的旅行规划进行到了哪一步，还需要再做什么。

有时我还会在思维导图的最后加一个"财务管理"的分支，用来分配旅行中的资金预算。由于这张思维导图只是记录我的旅行计划，没有涉及旅行预算的思考，就没有加入这一分支。所以你会发现，我们完全可以根据自己的需求来绘制不同的旅行导图，当你的需求与我不同时，就可以进行调整，只要最后能清晰地梳理好自己的旅行规划就足够了。

我一直认为思维导图是非常有力的思维管理工具，而思维落实到行动上，就会影响我们的工作和生活。很多人只在思考的角度去介绍思维导图的用处，所以大家可能觉得导图并不"落地"，在真正的工作和生活当中使用场景并不丰富。但看完这本书之后，相信你会产生新的想法，想要在日常提高自己的效率、管理好自己的生活，完全可以运用好思维导图与效能法则，解决所有思路难题。

这就是真正的高效能人士训练法。